MARCEL
REMUS

# DIE 39,5 REMUS REGELN FÜR MEHR ERFOLG

FBV

Die besten Tipps des Mallorca Maklers
für dein Leben

**Bibliografische Information der Deutschen Nationalbibliothek**
Die Deutsche Nationalbibliothek verzeichnet diese Publikation in der Deutschen Nationalbibliografie. Detaillierte bibliografische Daten sind im Internet über https://dnb.de abrufbar.

**Für Fragen und Anregungen:**
info@m-vg.de

**Wichtiger Hinweis:**
Ausschließlich zum Zweck der besseren Lesbarkeit wurde auf eine genderspezifische Schreibweise sowie eine Mehrfachbezeichnung verzichtet. Alle personenbezogenen Bezeichnungen sind somit geschlechtsneutral zu verstehen.

Originalausgabe, 1. Auflage 2024

Türkenstraße 89
80799 München
Tel.: 089 651285-0



Redaktion: Rainer Weber
Umschlaggestaltung: Marc-Torben Fischer
Umschlagfoto: Stephan Pick
Satz: Christiane Schuster | www.kapazunder.de
Druck: ScandBook, Litauen
Printed in the EU

ISBN Print 978-3-95972-789-1
ISBN E-Book (PDF) 978-3-98609-541-3
ISBN E-Book (EPUB, Mobi) 978-3-98609-542-0

Marcel Remus

# DIE 39,5 REMUS-REGELN FÜR MEHR ERFOLG

Die besten Tipps des Mallorca Maklers für dein Leben

# INHALT

# VORWORT

»Hola, Hola, Hola und good morning, meine lieben Freunde, raus aus den Federn und ran an die Arbeit! Jetzt geht's los mit Vollgas und Attacke und der allergrößten Motivation!«

Mein morgendliches Ritual kennen alle meine Follower auf Instagram und Facebook seit Jahren. Jeden Tag wecke ich meine Community in meiner Story damit, wenn ich in den Tag starte, bevor es zur Arbeit geht. Dabei sitze ich in meinem Auto, kurz nachdem ich aus meiner Tiefgarage gefahren bin. Selfie-Modus an und los geht das Gebrüll. Immer dasselbe, seit Jahren. Einige wollen meinen Weckruf mittlerweile sogar als Klingelton haben. Aber ich glaube, das wäre zu viel des Guten. Heutzutage gibt es alles. Alles sehr lustig auf jeden Fall. Aber wer weiß, am Ende geht es darum, anders an die Dinge heranzugehen, aufzufallen, ohne zu nerven, und wenn man nervt, dann eben trotzdem mit einem Mehrwert für den Follower, Zuschauer oder Konsumenten, der vielleicht ja auch der Kunde von morgen ist. Und dass meine Kunden alle auf Social Media unterwegs sind, egal ob Millionär oder gar Milliardär, das hat sich schon vielfach gezeigt.

Dieses Buch, mittlerweile das zweite, das ich veröffentliche, ist definitiv auch anders als alle anderen Coaching- oder Motivationsbücher. Und den Grund dafür kann ich auch ganz einfach erklären. Ich bin seit dem 23. August 2006, Mittwochmittag, auf Mallorca. Ein großer und bedeutender Tag in meinem Leben. Alle Kunden lachen immer, wenn ich das Datum wie aus der Pistole geschossen sage. Ich glaube, ich wurde auch schon über eintausend Mal danach gefragt. Es war ein wichtiger, entscheidender Tag in meinem Leben. Ich habe viele Menschen kommen und gehen sehen. Gute Menschen, die auch oftmals einen echt guten Plan hatten, wie sie hier auf Mallorca leben wollten. Die meisten aber, die hierherkommen und richtig ausgewandert sind, die Deutschland komplett den Rücken gekehrt haben, hatten und haben keine Ahnung, kein Konzept. Viele haben entweder durch Erbschaft oder Firmenverkauf finanziell längst ausgesorgt und einige suchen auf Mallorca einfach nach dem besseren Leben.

Diese letztere Art von Menschen bringt es auf dieser Insel dann zu 99 Prozent zu nichts. Ähnlich wie in Deutschland, nur mit dem Unterschied, dass diese Menschen nicht verstanden haben, dass auf Mallorca keiner auf sie gewartet hat. Und noch viel wichtiger, wer hier auf der Insel – es ist und bleibt eine Ferieninsel – richtig ankommen und Geld verdienen will, muss drei Mal härter und mehr arbeiten als in Deutschland. Ich bin mir sicher, dass das jeder erfolgreiche Mallorca-Auswanderer bestätigen kann. Aber dazu später mehr und die ein oder andere lustige Anekdote.

Auf den folgenden Seiten zeige ich dir eins zu eins und sehr transparent, wie ich mich in diesem hart umkämpften Haifischbecken der Immobilienmakler durchgesetzt und als erfolgreichster Verkäufer der Insel etabliert habe. Jeden Tag aufs Neue habe ich gekämpft, mich durchgebissen, Vollgas und Attacke vom Allerfeinsten, um heute da zu stehen, wo ich stehe. Und ich bin noch lange nicht am Ziel angekommen, obwohl ich mich, finanziell gesehen, längst zur Ruhe setzen könnte. Okay, das klingt irgendwie arrogant. Du wirst in diesem Buch öfter mal auf solche Stellen stoßen, auch wenn ich das gar nicht so meine. Lange Zeit belächelt, dann bekämpft und jetzt kopiert. Ich werde nie vergessen, wie Maklerkollegen bei Kunden schlecht über mich geredet haben. Ich sei ja nur ein peinlicher Fernsehmakler, ich würde ja gar nichts verkaufen. Die Promis, mit denen ich auf Fotos zu sehen sei, würden mich alle gar nicht kennen. Remus, ein schnöseliger Wichtigtuer mit Drang in die Öffentlichkeit.

Mich selbst hat das über Jahre geärgert. Man reißt sich den Hintern auf, um gut zu sein, um sein Business aufzubauen, und alles wird vor lauter Neid und Missgunst die ganze Zeit schlechtgeredet. Keiner stellt sich die Frage: Wenn der Remus nie etwas verkauft, wer bezahlt denn dann seine Miete, den Lohn seiner Assistentin oder gar die hohen Kosten der Organisation und Ausrichtung seiner Remus Lifestyle Night? Das ist eine vielbeachtete Veranstaltung, die ich einmal im Jahr im August für meine Kunden ausrichte, um mich zu bedanken. Ohne Sponsoren! Genau aus dem Grund, um jedem einzelnen Käufer und Verkäufer, der mit mir zusammenarbeitet, Danke zu sagen. Denn bei der Konkurrenz hier auf Mallorca ist das eben nicht selbstverständlich. Und darüber bin ich mir absolut im Klaren. Ich habe über 100 Folgen *mieten, kaufen, wohnen* auf Vox gedreht, ein Immobilien-TV-Format, in dem ich über drei Jahre hinweg regelmäßig potenziellen Käufern Häuser auf Mallorca gezeigt habe. Dadurch bin ich in Deutschland, Österreich und in der Schweiz auch bei der breiten Masse bekanntgeworden. Und natürlich wurmt das den einen oder andere Maklerkollegen.

Wie auch der Umstand, dass ich schon in jungen Jahren ins Haifischbecken gesprungen bin, ich hatte damals mit nur 23 Jahren angefangen. Ich hatte meine eigene Firma. Ich war mein eigener Chef.

Jetzt ist es an der Zeit, ein neues Buch zu schreiben: *Die 39,5 Remus-Regeln für mehr Erfolg*. Ich habe lange überlegt, wie ich mein Buch nenne. Welchen Titel schreibe ich drauf? Es sind tatsächlich Regeln und nicht nur Tipps. Denn ich kann dir ganz klar sagen: Wenn du diese Regeln in deinem täglichen Leben anwendest, sie richtig in deinen Tagesablauf integrierst, etablierst und umsetzt, wirst du erfolgreich oder eben noch erfolgreicher. Diese Regeln müssen für dich zur Routine werden. Immer mit am Start. Es sind nicht nur Tipps, um morgen mehr Geld auf dem Konto zu haben. Darum geht es gar nicht und ich verspreche dir auch nicht, was viele, oft halbseidene Influencer, Speaker, Mentoren und Coaches in die weite Welt hinausphilosophieren, immer frei nach dem Motto: »Wenn du das und das morgen so machst, wirst du übermorgen zum Millionär ...« Nein! Dafür musst du sehr viel mehr leisten, aber auch darauf gehe ich später im Detail ein. Ich will dir einfach meine Erfahrungen weitergeben.

Und weißt du, worauf ich extrem stolz bin? Jeder kann meinen Werdegang seit Jahren sehr transparent und gläsern verfolgen, so wie bei kaum einem anderen Unternehmer. Egal, ob im Fernsehen oder jeden Tag mit meinem morgendlichen Hola, Hola, Hola auf Social Media: Ich nehme meine Community, meine Follower auf Schritt und Tritt mit. Ob zu einem Kundentermin, wenn ich eine 20-Millionen-Euro-Villa präsentiere, oder wenn ich während der Oscar-Verleihung in Los Angeles bin und die legendäre

Party von Sir Elton John besuche. Diese Transparenz, diese Authentizität ist das Wichtige und der große Unterschied zu vielen anderen Erfolgs- und Motivationsbüchern. Und auch zu vielen anderen Immobilienmaklern. Ich habe mir alles self-made selbst aufgebaut, jeden Euro selbst verdient, abzüglich Steuern, ein wichtiges Thema, das komischerweise viele Menschen nicht einkalkulieren und lieber vergessen. Ein großer Fehler. Ich lebe jedenfalls nicht davon, dir irgendwelche schlauen Tipps zu geben oder dich in meine Seminare oder gar zu Mastermind-Gruppen einzuladen. Ich schreibe ein Buch, weil es mir Spaß macht, weil ich Bock darauf habe, und nicht, weil es mir noch mehr Geld bringt. Ich gebe dir meine Regeln als Erfolgsleitfaden an die Hand und am Ende ist es wie in ähnlichen Fällen: Es liegt allein an dir, ob du die Regeln umsetzt, es liegt allein an dir, ob du endlich durchstartest.

Ich habe mir über die Jahre Notizen gemacht, Erlebnisse notiert und Stichpunkte ins Handy geschrieben, weil ich wusste, dass irgendwann der passende Zeitpunkt kommen wird, noch ein Buch zu schreiben. Das Ergebnis hältst du gerade in der Hand. Noch ein paar Worte vorab zum Thema Umsetzung der Remus-Regeln. Zum einen gibt es in diesem Buch keine Reihenfolge, das bedeutet, du musst es nicht chronologisch lesen, sondern kannst immer wieder reinspringen und einige Kapitel einzeln lesen und durcharbeiten. Soll ich dir sagen, warum ich das so geschrieben habe? Weil ich selbst oftmals so unruhig bin, im positiven Sinne, dass ich Bücher mit vielen Seiten und aufeinander aufbauenden Geschichten nie lese, weil ich die Zeit nicht habe und mich auch ehrlich gesagt nicht stundenlang darauf konzentrieren möchte. Ich liebe Bücher, die ich mal eben für 20 Minuten am Tag lesen kann, wo ich schnell verstehe, worum es geht, und in denen die Schreibweise klar und deutlich ist. Klartext eben. Drumherum-Gerede gibt es schon genug in unserer verrückten Welt. Zwischen Kriegen und Krisen. Bei mir kommen Fakten und Überlegungen direkt auf den Tisch, direkt auf den Punkt und dann Vollgas und Attacke. Kein Blabla, sondern anfangen zu leben!

Im Oktober 2021 hatte ich gesundheitliche Probleme und musste ins Krankenhaus. Auch dieses Erlebnis werde ich hier mit dir teilen, weil es mir selbst die Augen geöffnet hat in Sachen »noch schneller«, »noch mehr«, »noch höher hinaus«, »noch erfolgreicher«. Es ist eben nicht immer alles Gold, was glänzt. Vollgas und Attacke, aber bitte mit Gesundheit an erster Stelle!

Ich freue mich jedenfalls sehr, dass du dir dieses Buch hier gegönnt hast, ein Investment in dich selbst. Wenn du es fertiggelesen hast, schick mir gerne per E-Mail oder über Social Media dein Feedback. Gehe raus in die Welt und setze die Remus-Regeln um. Und lass mich teilhaben an deinen Erfahrungen. Ich wünsche dir von Herzen alles Gute, wach auf, dein Leben wartet, und wer nicht auffällt, der fällt weg.

# 1. SCHAUE ÜBER DEN TELLERRAND HINAUS

Über die letzten Jahre wurde ich immer wieder gefragt, auch in Interviews, was die wichtigsten Faktoren seien, um erfolgreich zu werden. In den meisten Büchern oder Ratgebern liest man sehr oft dasselbe und immer wieder sind es die gleichen Floskeln, was man tun soll, um reich zu werden. Sehr selten liest man aber von Worten wie Bescheidenheit oder Zufriedenheit, um langfristig erfolgreich zu werden. Besonders in den letzten zwei, drei Jahren und erst recht nach der Pandemiezeit, die hier in Spanien besonders hart war, finde ich diese Aspekte weitaus wichtiger als vieles andere. Deren Bedeutung ist weitaus größer, als man vermuten würde. »Erfolgreich sein« muss auch nicht immer damit zu tun haben, dass man viel Geld verdient. Ich finde, in der heutigen, unruhigen Zeit ist man schon erfolgreich, wenn man morgens mit guter Laune in den Tag startet, oder wenn man klar im Kopf ist und das Leben wertschätzt. Die Antwort auf die Frage, warum ich so erfolgreich bin, interessiert aber offenbar sehr viele Menschen.

Wir befinden uns in einer so schnelllebigen, energiegeladenen Zeit, jeder will mehr, jeder guckt auf sich, die wahren und wichtigen Werte sind in der heutigen Gesellschaft längst verloren gegangen. Eigentlich schade, aber wer guckt heutzutage schon noch über den Tellerrand hinaus? Wer traut sich tatsächlich gegen den Strom zu schwimmen? Erfolg hängt meines Erachtens hauptsächlich von drei Faktoren ab, und dieses Zusammenspiel habe ich das »Remus-Dreieck« genannt:

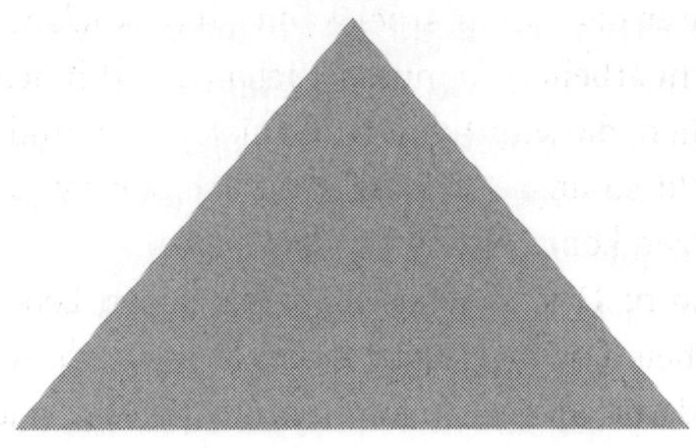


Diese Eigenschaften haben mich zu dem gemacht, der ich heute bin. Und ich kann dir sagen, dass ich diese Werte besonders in den letzten Jahren bei vielen unterschiedlichen Menschen analysiert habe. Es ist genau die Zusammensetzung dieser einzelnen Punkte. Ohne eine gewisse Bescheidenheit ist Zufriedenheit mit sich und seinem Leben nicht möglich. Authentizität ist topwichtig, dazu später mehr. Und fehlt dir der Fleiß, wirst du es eh zu nichts bringen. Das letzte Quäntchen der Ausdauer fehlt leider bei vielen für den ganz großen Durchbruch.

# 2. SEI BESCHEIDEN, SONST WIRST DU NIE ERFOLGREICH

Nach Jahren der harten Arbeit kann ich wirklich behaupten, nicht mehr arbeiten zu müssen. Ich habe zahlreiche eigene Immobilien, die sehr lukrativ vermietet sind, und ich habe mein Geld so angelegt, dass ich mich mit 37 Jahren zur Ruhe setzen könnte.

Dennoch: Das Wichtigste überhaupt im Leben ist Bescheidenheit. Das klingt jetzt vielleicht komisch, wenn man im Satz davor auf dicke Hose macht und sagt, man müsse in so jungen Jahren eh nicht mehr arbeiten, weil es einfach läuft. *In all den Jahren habe ich gelernt, dass du nicht glücklich wirst, wenn du den Wert deiner Leistung nicht erkennst.* Du musst für dich selbst reflektieren und dankbar sein. Sicher, es geht immer besser und man schaut sich immer nach Vorbildern um, Menschen, die noch ein schöneres Leben leben. Menschen, die noch mehr Geld verdienen. Aber am Ende macht das nicht glücklich. Natürlich soll es einen motivieren, hart für seinen Erfolg zu arbeiten. Man soll ja auch nach mehr streben. Trotzdem muss ich ganz klar sagen: Wenn man mit sich selbst zufrieden ist, ziehst du den Erfolg und das Glück an. Ich bin keinesfalls esoterisch angehaucht, aber ich merke das seit Jahren. Klar wollte ich früher viel Geld verdienen, der Erfolgreichste in meinem Business auf Mallorca sein. Ich wollte es allen zeigen. Besonders denen, die nie an mich geglaubt haben. Und das ist mir ja auch gelungen, würde ich behaupten. Dennoch sind Bescheidenheit und Dankbarkeit

Werte, die die meisten Menschen nicht verinnerlicht haben. Dabei sind sie so entscheidend für ein zufriedenes Leben. Für ein glückliches Leben. Ich habe es in den vergangenen 15 Jahren so oft bei meinen Kunden gesehen. Sie haben alles: eine tolle Frau, liebe Kinder, Geld, Ruhm, Statussymbole, Freunde. Und trotzdem habe ich oftmals festgestellt, dass selbst solche Menschen, die alles zu haben scheinen, nicht im Leben angekommen sind. Sie sind nicht zufrieden. Oder wie es so treffend in dem Song *A Satisfied Mind* heißt, den Johnny Cash bekannt gemacht hat:

> *»How many times have you heard someone say*
> *›If I had his money, I could do things my way?‹*
> *But little they know that it's so hard to find*
> *One rich man in ten with a satisfied mind.«*

Und das, obwohl die Ehefrau sich jede Nacht richtig ins Zeug legt. Jetzt muss ich gerade selbst lachen. Ein schlechter Witz, denn die eigene Frau ist oft auch nicht genug bei vielen erfolgreichen Typen. Ich habe das alles schon gesehen. Ich hatte sogar schon Kunden, die kamen mit ihrer Freundin oder Bettgespielin oder Affäre zur Hausbesichtigung, nicht mit ihrer Frau. Einer blieb mir besonders in Erinnerung. Ein paar Wochen später kam er erneut, aber gab mir vor dem Termin zu verstehen, dass wir uns offiziell dann das erste Mal sehen und er auch das Haus zuvor offiziell noch nie gesehen hat. Quasi ein Ersttermin zur Hausbesichtigung auf Mallorca. Nur jetzt mit der Ehefrau und zuvor war es eben die Freundin. Man erlebt als Makler so einiges. Lustig war dann die Situation, als der Kunde den Meerblick zum zweiten Mal sah, aber so tat, als wäre er total geflasht und begeistert. Er hatte das ja alles zuvor schon gesehen, tat aber vor seiner Ehefrau so, als wäre er zum ersten Mal in dem Haus. Auch das hat mir wieder gezeigt, dass der Schein oftmals trügt. Die Fassade bröckelt und jeder hat sein Päckchen zu tragen, seine Problemchen zu bewältigen. Egal, wie viele Millionen man auf dem Konto hat. Erst wenn man es schafft, jeden Tag mit einer Grundzufriedenheit in den Tag zu starten, wenn man seine eigene Mitte findet, ist man happy. Ich weiß, das klingt jetzt total übertrieben: Ich habe zum Beispiel nie schlechte Laune, auch wenn Dinge in meinem Leben mal nicht rund laufen oder nicht alles glatt läuft. Jeder kennt das. Aber ich denke mir immer, es geht auch schlimmer. Und wenn etwas nicht funktioniert, ist die Frage, liegt es an mir? Kann ich es ändern? Oder war es gar mein Fehler?

Bescheidenheit und Dankbarkeit sind in der heutigen Zeit entscheidend, um überhaupt im Leben voranzukommen. Schaut euch um. Pandemie, Krieg, Inflation, schlimmer geht fast nicht mehr. Und doch sehe ich eben das Glas halb voll und nicht halb leer. Du weißt, was ich meine. Nur verinnerlichen muss man es eben. Ich freue mich über eine leckere Waffel und dazu eine kalte Fanta. Mittlerweile durch Social Media der Running Gag. Und trotzdem gönne ich mir nach fast jedem Deal was Cooles von Louis Vuitton. Wichtig ist, dass man diese Dinge schätzen lernt. Egal ob eine Waffel für 25 Cent oder die neuen Sneaker für 1000 Euro. Wenn du mich fragen würdest: Champagner und Austern im besten Beach Club auf Mallorca oder Currywurst, Pommes, Mayo am Ballermann? Du würdest mich eher am Ballermann antreffen. Einmal mehr jeden Tag Danke sagen schadet grundsätzlich auch nicht.

# 3. OHNE AUTHENTIZITÄT GEHT GAR NICHTS

Das Wichtigste in meinem Job ist definitiv die Authentizität! Ehrlich und korrekt arbeiten ist die Basis, um überhaupt langfristig erfolgreich zu sein. Leider gibt es in diesem Business extrem viele schwarze Schafe. Eine eigene Meinung zu haben, ohne dem Kunden nach dem Mund zu reden, halte ich für entscheidend, um sich eben auch hier direkt von der Masse, von den Maklerkollegen abzuheben. Wir kennen es doch alle, das Image eines Immobilienmaklers. Schnöseliges Gerede, um einen schnellen Deal abzuschließen und die dicke Kohle, die große Provision, abzukassieren. Aber so einfach ist es eben doch nicht, besonders dann, wenn man in der Oberliga mitspielen will. Hier trennt sich die Spreu vom Weizen besonders schnell und der typische 5- oder gar 10-Millionen-Euro-Käufer merkt in Sekunden, ob du was draufhast oder ob er es mit einer Blitzbirne zu tun hat.

Ich habe von Anfang an immer seriös und ehrlich gearbeitet. Ich sehe die Geschäftsbeziehung zu meinen Kunden als langfristiges Projekt. Und genau das hat sich jetzt schon bewährt, denn mittlerweile ist es tatsächlich so, dass ich Immobilien zum dritten Mal in den Verkauf bekommen und somit mit ein und derselben Villa drei Mal Provision verdient habe. Das passiert ja auch nur, wenn du ordentlich arbeitest und einen guten Leumund hast. Der gute Ruf muss dir vorauseilen. Wenn du das schaffst, stellst du deine Kollegen in den Schatten. Heute rief mich der Deutschland-Chef von Gira an, dem Smart-Home-Pionier. Mit Gira habe ich bereits zwei Kooperationen für meine Häuser in Son Vida gemacht und ich bin ein großer Fan der Produkte und der Marke. Der Chef sagte mir am Telefon, er habe sich gestern einen tollen, sehr exklusiven Altstadtpalast im Zentrum von Palma angesehen, dort haben sie die gesamte Haussteuerung installiert und alle Lichtschalter und Steckdosen. Das Prachtexemplar soll bald verkauft werden, im Gespräch mit dem Eigentümer warf der Gira-Chef meinen Namen in den Raum, als *der* Makler für Luxusobjekte auf Mallorca. Der Verkäufer antwortete sofort, Remus, ja sehr gut, aber der nimmt immer 6 Prozent Provision, das ist sehr viel. Und weißt du, was mich freut? Dass ich mir einen guten Namen aufgebaut habe, über die harten Jahre hinweg, und die Leute jetzt wissen, Remus ist gut, aber teuer. Gut so, denn gute Leistung muss auch gut bezahlt werden.

*Verkaufe dich nie unter deinem Wert.* Authentisch sein ist das A und O in der heutigen Welt. Schau dir diese ganze Fake-Welt im Internet an, auf all den Social-Media-Plattformen. Jeder ist ein Superstar, jeder ist ein Coach, ein Mentor, gefühlt jeder ist eigentlich schon superreich. Es gibt so viele Blender in dieser Welt. Wer es heutzutage schafft, in seinem Business echt und einzigartig zu sein, der wird es zu etwas Großem bringen. Leider schwimmt die Masse nur mit, keine eigene Meinung, kein Rückgrat, jeden Tag, wie die Fahne im Wind. Mal so, mal so. Und übermorgen schon wieder ganz anders. Sei du selbst, sei frei raus, höre auf dein Bauchgefühl und sei real.

# 4. SEI FLEISSIG UND TRAINIERE DEINE AUSDAUER

Hätte mir am 2. Januar 2007, an meinem ersten Arbeitstag als Immobilienmakler auf Mallorca als Angestellter, in einem viel zu großen Anzug in Grau von Zara, jemand gesagt, dass ich ein paar Jahre später zu den besten dieser Branche gehören würde, ich hätte es nicht geglaubt. Was für eine Plackerei, um dorthin zu kommen. Und das im Ausland, weit weg von der deutschen Mentalität. Weit entfernt von den deutschen Tugenden. Es ist eben etwas anderes, wenn man im Ausland Fuß fassen will und sich bemüht, sich ein schönes Leben aufzubauen. Kein Mensch hat damals an mich geglaubt, zumal ich ja auch bis heute kein gelernter Immobilienmakler bin. Es gibt sogar Studiengänge für diesen Beruf. Immobilienmanagement. Auch dies ist weit von mir entfernt. Obwohl ich heutzutage gern mal Mäuschen spielen würde, in so manchen Vorlesungen an der Universität, um zu hören, was da gelehrt wird und was man davon tatsächlich im Daily Business braucht.

Fleißig muss man sein, das wird einem im Kindesalter schon vermittelt. Und ich sage immer, wenn man denkt, man sei fleißig, muss man eben noch mal eine Schippe drauflegen, um noch besser als andere zu sein. Das Ganze mit einer gewissen Effizienz. Es gibt ja auch Menschen auf der Welt, die arbeiten den ganzen Tag, sind total gestresst und bekommen trotzdem nichts auf die Reihe. Ausdauer ist noch wichtiger, denn die meisten Menschen halten immer nur kurz durch. Das beste Beispiel sind die Menschen, die sich im Januar mit dem üblichen Neujahrsvorsatz im Fitnessstudio anmelden, direkt für das ganze Jahr, und dann nach dem dritten Training Ausreden finden oder einfach nicht mehr hingehen. Sie verlieren den Fokus. Fleiß und Ausdauer sind der Antrieb, aber ohne Fokus erreichst du niemals dein Ziel.

Diese Zusammenhänge sind entscheidend. Was will ich wann erreichen? Und was muss ich dafür tun? Und was hat Priorität? Und worauf verzichte ich, damit ich dahin komme? Und ich kann dir sagen: Verzicht muss immer sein, um an sein Ziel zu kommen. Willst du einen Megakörper, um im nächsten Sommer am Strand von Mallorca einen spektakulären Auftritt hinzulegen? Dann musst du verzichten! Weniger Schokolade, weniger Alkohol und auf geht's! Willst du etwas haben, was du noch nie gehabt hast? Dann musst du etwas tun, was du noch nie getan hast. Aus der typischen Komfortzone raus, eben mit Vollgas und Attacke ins Hier und Jetzt. Mit Ausdauer an deinen Zielen arbeiten. *Zwischenziele stecken und sich auch mal belohnen, wenn man einzelne Phasen oder Etappen erreicht hat. Das ist ganz wichtig, ohne Belohnung macht die Motivation schnell schlapp.*

Nach all den Jahren und nachdem ich einige meiner großen Ziele erreicht habe, kann ich sagen, dass es zwar nicht weniger Arbeit ist, neue Ziele zu erreichen, aber es wird einfacher. An dem Spruch »Wenn es läuft, dann läuft es!«, ist sicherlich etwas dran. Aber man muss eben auch dort erst mal hinkommen. Ohne Fleiß kein Preis. Das Thema mit der Ausdauer fällt mir bis heute schwer, weil ich so unruhig bin, alles muss schnell funktionieren, und in diesem Job geht es oftmals eben nicht schnell, schnell. Verkaufsabschlüsse oder allein schon die Entscheidung eines Kunden, ob er die Immobilie kauft oder nicht, kann ein *never ending moment* werden. Erst letzte Woche hat sich das wieder bestätigt. Ich habe einem Kunden die Immobilie im April gezeigt und sage und schreibe Mitte November hat er erst seine Kaufzusage erteilt. Zum Glück war das Haus noch im Angebot und noch nicht verkauft, obwohl es bei elf anderen Maklerkollegen im Angebot war. Aber ein bisschen Glück muss man eben auch manchmal haben. Ausdauer und einen langen Atem braucht man in jedem Business. Von heute auf morgen ist noch keiner reich geworden und langfristig erfolgreich auch nicht.

# 5. ACHTE AUF DEINE GESUNDHEIT – DU HAST NUR EINE

Es war zwar nicht immer so, aber heute gibt es etwas, das für mich noch über meinem »Werte«-Dreieck thront: meine Gesundheit. »Gesund ist das neue reich!« – davon bin ich mittlerweile überzeugt.

Über Jahre hinweg stand bei mir das Thema Gesundheit ehrlich gesagt und leider nie an erster Stelle, weil man immer denkt, man sei ja noch jung. Man sei ja fit und käme mit dem Stress gut zurecht. Weit entfernt von Themen wie Burn-out oder Depressionen. Im vergangenen Jahr hat mein Körper mir dann nach Jahren der Schufterei gezeigt, wie schnell es gehen kann. Vorbei mit Hola, Hola und Schickeria-Lifestyle. Ruck, zuck lag ich im Krankenhaus und bekam eine richtige Lektion verpasst. Was war passiert?

Ich liebe meinen Job so sehr und gerade deshalb fühlt es sich für mich nicht wie das typische Arbeiten an, vielmehr ist es meine Leidenschaft, ich würde fast schon sagen meine Berufung, für andere Menschen das passende Luxus-Zuhause zu finden. Deshalb eben auch immer und nonstop Vollgas und Attacke. »Am Limit« würde ich nicht behaupten, weil es sich ja nicht falsch anfühlt, so viel und immer zu arbeiten. Ich liebe es. Es war kein Burn-out, denn ausgebrannt war ich nicht. Ich bin eher der Typ, der sich selbst bremsen und keineswegs selbst in den Hintern treten muss. Nur leider merkt man selbst es eben nicht immer, wann man sich und seinem Körper Pausen und Ruhephasen gönnen muss. Burn-out bedeutet für mich, man wird morgens wach und schafft es einfach nicht, seinen Alltag zu bewältigen, es ist einfach alles zu viel. Das Leben wächst einem über den Kopf und man würde am liebsten den ganzen Tag im Bett bleiben und mit keinem reden. Ich wollte aber nicht im Bett bleiben und ich wollte mit allen reden. Ich war on fire. Richtig motiviert, noch mehr Umsatz, noch mehr Deals, noch mehr von allem. Aber immer gut gestimmt, gut gelaunt und eifrig. Einige Tage zuvor bemerkte ich schon einen komischen Druck auf der Brust. Vom Gefühl her, als hätte mir jemand 20 Kilo Steine auf den Brustkorb gelegt. Ganz seltsam. Ich konnte einfach nicht richtig atmen. Nicht tief ein- und nicht ausatmen. Selbst wenn ich abends ganz gemütlich und entspannt im Bett lag. Die ersten Tage dachte ich, dass ich mich verlegt oder verrenkt hatte. Vielleicht war einfach nur etwas im Brustkorb blockiert. Ich ging zum Physiotherapeuten meines Vertrauens. Alles war ganz normal, nur meine Atmung nicht.

Am 11. Oktober 2021 habe ich auch wieder ganz normal gearbeitet. Ich hatte meinen letzten Termin an dem Tag um 17:30 Uhr, eine Hausaufnahme. Ich guckte mir die Immobilie an, führte mit den Eigentümern das Vorgespräch. Auf der Treppe ins Obergeschoss musste ich echt kurz eine Pause machen. Das hatte ich noch nie. Mit 35 Jahren. Fit wie ein Turnschuh. Ich ließ mir nichts anmerken. Mir war richtig schummrig, nicht klar vor Augen. Als der Termin mit meinen Kunden beendet war, entschloss ich mich, ins Krankenhaus zu fahren. Dort angekommen ging es extrem schnell. Sofort wurde ich in die Notaufnahme überwiesen. Zahlreiche Checks und Untersuchungen wurden durchgeführt. Alles ganz hektisch, alles ganz schnell. Dann rannten alle wieder raus. Der nächste Notfall kam an, schwerer Motorradunfall. Die Tür zum Gang stand die ganze Zeit offen. Der schwerverletze Motorradfahrer wurde an mir vorbeigeschoben. Der Anblick war der nächste Schock für mich. Eine halbe Stunde später, es fühlte sich an wie zwei Stunden später, kam der nächste Doktor. »Wir vermuten, dass Sie bereits einen Herzinfarkt hatten! Sie bleiben die Nacht über im Krankenhaus, morgen Früh kommt der Herzspezialist aus Barcelona zur Untersuchung!« Wie bitte? Ich soll bereits einen Herzinfarkt gehabt haben? Es war mittlerweile 21 Uhr. Seit fast drei Stunden lag ich dort in der Notaufnahme. Ich bin in Tränen ausgebrochen. Verdacht auf Herzinfarkt. Das kann ja gar nicht sein! Ich informierte meine Mutter. Sagte ihr, dass sie mir bitte ein T-Shirt, Unterwäsche und eine Zahnbürste bringen sollte, ich müsse die Nacht im Krankenhaus bleiben. Ich sagte nicht direkt, was die Ärzte mir gesagt hatten. Ich weinte. Als ich mein Zimmer, in dem ich die Nacht verbringen sollte, bezogen hatte, wurde mir noch ein Beruhigungsmittel gespritzt. Ich weinte. Ich nahm mein Handy in die Hand und machte eine Story auf Instagram. Schwer getroffen erzählte ich meinen Followern von meiner Situation. So schnell kann es gehen, passt immer gut auf euch auf! Binnen weniger Minuten war das Internet voll von der Berichterstattung über meinen Krankenhausaufenthalt und was mit mir los sei. Ich weinte. Meine Mutter war auch fertig mit den Nerven. Ich schlief sehr unruhig. Was würde der Doktor am nächsten Morgen sagen? Wie würde es weitergehen? In solchen Momenten, das habe ich jetzt selbst gemerkt, geht einem alles durch den Kopf. Selbst mit dem Thema Tod befasst man sich. Was wäre, wenn? Hat man schon all das gemacht, was man vor seinem Tod machen wollte? Wer würde meine Firma weiterführen? Grausame Gedanken mit 35 Jahren. Alles Wahnsinn. Am nächsten Morgen hatte ich eine ausgiebige und sehr lange Untersuchung. Das Ergebnis und der Befund: Es gibt ein winziges, aber nicht gefährliches Mini-Loch in meiner linken Herzscheidewand. Aber ich hatte noch keinen Herzinfarkt! Kein Herzinfarkt! Im wahrsten Sinne des Wortes ist mir ein Stein vom Herzen gefallen.

Weitere Untersuchungen ergaben, dass ich gesund bin. Der Kardiologe nahm meinen Arm, drückte meine Hand und sagte »despacito«. Frei nach dem Motto: Mach mal langsam. Er sagte: »Sie sind so jung, haben so viel erreicht, Sie müssen es keinem mehr beweisen. Machen Sie Urlaub. Weniger ist mehr. Und wenn Sie das umsetzen, werden Sie 100 Jahre alt.« Am Ende war es einfach eine Überbelastung des Körpers. Und der Körper sendete die Signale eben mit extremem Druck auf dem Brustkorb. Erfolg oder jede Provision, jeder Euro, das war völlig irrelevant. Das habe ich gelernt. Eine absolute Schockerfahrung. Eine Lehre. Ein Warnschuss. An diesem Tag war für mich klar: Vollgas und Attacke, aber mit Gesundheit an erster Stelle. Gesund ist das neue reich!

# 6. MEINE PHILOSOPHIE: 5 × A = ALLES ANDERS ALS ALLE ANDEREN

Als ich mich 2009 als Makler auf Mallorca selbstständig gemacht habe, hat wahrlich keiner auf mich gewartet. Die Weltwirtschaftskrise war voll im Gange und überhaupt war die Insel immer schon überlaufen von Möchtegern-Typen, die versuchten, alles an den Mann oder die Frau zu bringen. Immobilienbüros an jeder Ecke. Ziemlich am Anfang meiner Karriere habe ich mir direkt meine 5-A-Taktik überlegt: *Alles Anders Als Alle Anderen*. Klingt eigentlich total einfach, wenn man das aber zu Beginn versucht in die Tat umzusetzen, merkt man erst mal, wie schwierig es ist, anders zu sein als alle anderen. Von dem Gegenwind möchte ich jetzt noch gar nicht sprechen. Mehr dazu später. Mittlerweile sind fast 15 Jahre vergangen und dieses Anderssein, meine 5-A-Taktik, ist mir wirklich in Fleisch und Blut übergegangen.

Viele einzelne Punkte hätte ich so oder so gemacht, weil ich grundsätzlich anders bin. Aber Dinge, wie keine billigen Din-A4-Zettelchen als Exposé der Immobilien in mein Schaufenster zu hängen, kam direkt seit Tag eins bei meinen Kunden gut an. Nicht alle Immobilien in das Portfolio aufzunehmen, die man angeboten bekommt, sondern auszusortieren und anspruchsvoll zu sein, hat sich ebenfalls bewährt. Ein eigenes Lifestyle-Magazin herauszugeben, in dem Luxusthemen und Luxusimmobilien präsentiert werden, hebt sich von der Masse ab. Allein die Lage meines Büros ist speziell, weil es eben bis heute keine Eins-a-Toplage ist, sondern bezahlbar war, zur damaligen Zeit. Bis heute, auch wenn ich mittlerweile Millionenumsätze einfahre, habe ich daran nichts geändert. Wer hätte denn gedacht, dass ich eines Tages einmal Häuser im Gesamtwert von fast 130 Millionen Euro innerhalb eines Jahres vermitteln würde.

Meine Rechnung war damals im ersten Jahr meiner Selbstständigkeit relativ einfach: Das erste Haus, das ich verkaufe, deckt die Kosten, das zweite Haus ist bereits mein Gewinn. Und ich dachte mir immer, es wird ja wohl irgendwie machbar sein, in 365 Tagen zwei Immobilien zu verkaufen. Gesagt, getan. Es war möglich, sogar weitaus mehr, auch direkt im ersten Jahr. Alles anders als alle anderen zu machen, hat sich gelohnt. Es hat sich sogar so schnell in der Szene und bei den Verkäufern herumgesprochen, dass es überhaupt gar kein Problem war, an neue Objekte zu kommen, die ich dann auf meiner Website vermarktet habe. Ich kann dir nur raten, jeden Tag das eine oder andere auch mal wirklich anders zu machen. Wichtig ist eben, dass du dich nicht bequatschen lässt, von deinem Umfeld. Ich kann dir direkt sagen, dass sich einige aus deinem engeren Kreis gestört fühlen werden, warum auch immer. *Es ist ja dein Leben, du bist der Regisseur deines eigenen Spielfilms, jeden Tag aufs Neue.* Und manchmal kann es auch echt amüsant sein, anders zu sein als die Masse.

# 7. LAUT, LAUTER, HOLA, HOLA, HOLA – UND OHNE »SCHWABBEL-SCHWITZ-SCHWAMM-HAND«

Mein mittlerweile wirklich berühmtes »Hola, Hola, Hola« ist schon fast Kult auf Instagram. Vor Jahren, als ich noch als Makler bei der Fernsehreihe *mieten, kaufen, wohnen* auf Vox zu sehen war, habe ich mir damals überlegt, bei jeder Begrüßung mit dem Kunden ein kräftiges »Hola, Hola, Hola«, also Hallo auf Spanisch zu rufen. Eben anders als alle anderen. Nach 107 Folgen, in denen ich Luxusimmobilien präsentiert habe und ich in Deutschland breit wahrgenommen wurde, war auch meine Begrüßungsfloskel ein Begriff. Auf Social Media oder in meinen Haustouren auf YouTube ist es ein echter Trend, und wenn ich einmal in einem YouTube-Video die Hola-Begrüßung vergesse, dann ist der Aufschrei der Zuschauer groß. Ist mir tatsächlich vor einiger Zeit passiert, da gab es gleich harte Kritik.

In einer Branche, in der es so viele gleiche Leute gibt wie im Maklerbusiness, die auch noch fast alle das Gleiche im Angebot haben, ist es so wichtig anders zu sein und mit seiner Art im positiven Sinne aufzufallen. Das Beste ist wirklich die Tatsache, dass ich am Telefon nicht mal mehr meinen Namen sagen muss, wenn ich Kunden anrufe.

»Hola, Hola, Hola« reicht aus und jeder weiß sofort, wer am Telefon spricht und worum es geht.

Überlege dir spezielle Eigenschaften, vielleicht auch eine andere Vorgehensweise, um hier für dich persönlich bei deinen Kunden oder bei deiner Zielgruppe einen Trend zu schaffen, den eben nicht direkt jeder Kollege oder gar Konkurrent kopieren kann. Sei unkopierbar! Bis dahin schreie ich mein »Hola, Hola, Hola« jeden Morgen weiter in die Kamera, um meine Follower auf meinen Social-Media-Kanälen zu wecken und zu motivieren. Ich sage ja immer, die ersten drei Sekunden sind entscheidend für Erfolg oder Misserfolg. Dazu gehört natürlich auch der berühmte erste Eindruck. Kennst du schon die »Schwabbel-Schwitz-Schwamm-Hand«? Auch ein sehr wichtiger Hinweis! Ich muss gerade selbst laut lachen, aber ihr kennt sie sicher. Hast du schon einmal jemandem die Hand gegeben, bei dem du dachtest: »Was ist das denn für ein ekliges Gefühl!« Ein feuchter, schwabbeliger, schwammiger, kalter Händedruck. Pfui. Ich hasse es.

Hier mein Erlebnis: Vor Jahren brachte ich meinen Porsche in die Werkstatt, um neue Bremsscheiben einbauen zu lassen. Als ich das Auto am nächsten Tag wieder abholen konnte, kam der Werkstattbetreiber, ein Deutscher, mit langen, zotteligen, blonden Haaren. Fettig auch, also die Haare. Ich würde schätzen so circa 130 Kilo, mindestens. Körpergewicht. Bestimmt 1,85 Meter groß. Ein richtiger Kollos. Es war Mitte August. Knapp 35 Grad im Schatten. Er fuhr mein Auto aus der Werkstatt heraus in die Einfahrt, hielt mir den Schlüssel entgegen und gab mir die Hand zur Verabschiedung. Das Hemd war klatschnass. Die beige Hose war nicht mehr hell, sondern durch den Schweiß eher braun. Und kurz bevor er mir den Schlüssel gab, wischte er sich noch mal mit der rechten Hand über die verschwitzte Stirn. Lecker! Ich musste ihm ja die Hand geben. Damals gab es noch kein Corona. Oh Mann. Er hielt mir seine Hand hin, wie ein nasser Waschlappen, ohne Druck und viel zu lange. Das Unwort »Schwabbel-Schwitz-Schwamm-Hand« war geboren. Bah, es schüttelt mich jetzt, wenn ich darüber nachdenke.

Deshalb drücke ich bei der Begrüßung die Hand immer extra fest zu. Und die meisten erschrecken dann immer kurz. Man sieht es richtig im Gesichtsausdruck. Bitte achte also darauf, dass du keine feuchte, kalte Hand hast, wenn du sie jemandem gibst. Ein kleiner, aber feiner und alles entscheidender Tipp.

# 8. SEI MIT DIR SELBST ZUFRIEDEN

Ich habe dieses Thema schon an früherer Stelle angesprochen. Es schadet nicht, wenn ich noch mal darauf zurückkomme.

Warum sind eigentlich so viele Menschen auf der Welt mit sich und ihrem Leben nicht zufrieden? So viele Menschen jammern, obwohl es keinen Grund gibt. So viele sind neidisch auf das Leben des anderen. Warum ist das so? Diese Frage habe ich mir im letzten Jahr ziemlich oft gestellt. Es liegt am Ende des Tages doch immer an dir selbst. Du bist für dich selbst, für deinen Erfolg, für deine Einstellung, für deine Stimmung, für dein Wohlbefinden verantwortlich. Niemand außer du selbst kann etwas an deiner Lebenssituation ändern. *Du* musst deine Entscheidungen treffen.

Menschen, die erkranken oder durch Fremdverschulden in eine echte Schieflage geraten, tun mir leid. Und hier kann ich verstehen, dass man mal nicht gut drauf ist oder einfach keine Kraft hat, sich selbst du motivieren. Aber Menschen, die schon jammern, wenn ihr Hamster mal hustet, da schwillt mir der Kamm. Es gibt so viele schlimme Dinge in der Welt. Pandemie, Krieg, Energiekrise, Inflation und vieles mehr. Die Welt ist verrückt und seit Corona gefühlt auch immer wilder. Da ist es meiner Ansicht nach umso wichtiger, dass jeder Einzelne einen kühlen Kopf behält und sich darüber klar wird, was wirklich zählt im Leben und wichtig ist.

Diese Parameter haben sich in den letzten 36 Monaten gefühlt bei jedem extrem verschoben. Trotzdem: Man muss mit sich selbst zufrieden sein, man muss mit sich selbst im Reinen sein. Nur dann kannst du langfristig erfolgreich werden und es auch bleiben. Versteh mich nicht falsch: Mit sich selbst zufrieden sein heißt nicht, dass du gesättigt auf der Couch rumhängst und keine Ambitionen mehr hast. Ganz im Gegenteil. Es geht um eine Grundeinstellung, wie man sich in Relation zu seinem Leben wahrnimmt.

Die innere Einstellung ist so wichtig, und es mag etwas esoterisch klingen, aber seitdem ich selbst über mich sagen kann, dass ich glücklich bin, dass ich dankbar und zufrieden bin, weil einfach alles viel schlimmer sein könnte, seitdem stehe ich jeden Tag mit einer noch größeren Motivation auf. Ich bin voller Tatendrang und will noch mehr bewegen. Ich tue Dinge, die mir Spaß machen, auf die ich Bock habe. Und genau darum geht's im Leben. Und wenn mir eine Aufgabe oder ein Job bevorsteht, bei dem ich mich unwohl fühle, nehme ich das entweder als Herausforderung an oder ändere es so, dass ich wieder zufrieden bin. Die innere Zufriedenheit mit sich selbst steht für mich mittlerweile ganz oben auf meiner Liste. Probiere es und gehe die Dinge an, die dich zu 100 Prozent jeden Tag aufs Neue glücklich und zufrieden machen. Belohne dich nach einer guten Leistung mit etwas, das dich aufheitert oder regelrecht erfreut. Du wirst sehen, wie sich dein Leben ändern wird. Du wirst sehen, wie du dich verändern wirst. Und du wirst sehen, wie zufrieden du mit dir selbst sein wirst.

# 9. LASS DICH NICHT FERTIGMACHEN – ICH ALS MOBBING-OPFER

Das ist ein für mich wirklich sehr emotionales Thema, über das ich über Jahre hinweg auch noch nie irgendwo öffentlich gesprochen habe. Vor einiger Zeit habe ich jedoch ein spannendes TV-Projekt angenommen. *Reich und herzlich* hieß die Sendereihe, die damals zur Primetime auf RTL ausgestrahlt wurde. Der Inhalt beziehungsweise das Thema ist eigentlich sehr einfach beschrieben. Ein Millionär engagiert sich undercover und getarnt für verschiedene Wohltätigkeitsorganisationen und arbeitet persönlich vor Ort mit, um sich selbst ein Bild von der Situation zu machen. Mir hat es gefallen, dass besonders der Sender RTL, der ja eigentlich immer für bunte und schrille Formate steht, sich mit diesem Thema befasste und das sogar zur besten Sendezeit.

Ich habe mir neben anderen eine Organisation ausgesucht, die sich gegen Mobbing einsetzt. Ein so unfassbar wichtiges Thema in unserer heutigen Gesellschaft. Und für viele Menschen ein wunder Punkt. Ehrlich gesagt für mich auch. Sehr sogar. In der Schule wurde ich früher so sehr gemobbt und angefeindet, dass ich oftmals morgens gar nicht mehr aufstehen wollte. Regelmäßig habe ich mir Ausreden ausgedacht, warum ich krank sei, damit ich nicht in den Unterricht musste, damit ich meinen damaligen Schulkollegen nicht über den Weg lief. Schlimm war das alles damals für mich. Und es fing mit dem Mobbing schon früh an. Ich bin leider extrem blind ohne Brille oder Kontaktlisten. Minus 11 Dioptrien, kein Witz, offenbar geerbt von meiner Oma Helga. Ohne Sehhilfe kann ich nicht mal zehn Zentimeter klar sehen. Also eigentlich sehe ich ohne Brille gar nichts. Das allein ist eigentlich schon eine Strafe für jeden. Wenn man dann aber als Kind mit einem Jahr bereits eine Hornbrille mit dicken Glasbausteinen bekommt, so wie ich, ist das natürlich umso schlimmer. Das war es übrigens auch für meine Eltern. Meine Mutter hat mir die Brille im Kinderwagen immer abgenommen, wenn ihre Freundinnen ihr beim Spazierengehen begegneten. Es war ihr einfach peinlich, wie ich aussah. So klein, so zierlich, aber mit einem dicken, fetten Nasenaufsatz. Von meinem Gesicht war damals vor lauter Horngestell nicht viel zu sehen. Obwohl ich eigentlich süß aussah, würde ich heute behaupten.

Meine Mutter und ich lachen heute über die Geschichte. In der Schule aber hatte ich damals als Kind und dann als Teenager nichts zu lachen. »Harry Potter« oder »Brillenschlange« waren noch die gemäßigten Begriffe, mit denen ich regelmäßig von den Mitschülern erniedrigt wurde. Die Lehrer haben all die unangenehmen Anfeindungen entweder nicht mitbekommen oder einfach weggesehen. Vielleicht sollte ich auch noch erwähnen, dass lange Zeit nicht klar war, ob ich jemals auf eine normale Schule gehen kann. Als ich vier oder fünf Jahre alt war, hatten die Augenärzte meine Eltern schon seelisch-moralisch darauf vorbereitet, dass ich mit hoher Wahrscheinlichkeit auf eine Schule für sehbehinderte Kinder müsse. Ein großer

Schock für uns alle. Als die Einschulung bevorstand, durfte ich aber zum Glück auf eine normale Grundschule und habe später dann das Gymnasium abgeschlossen und Abitur gemacht.

Kinder können grausam sein. Kinder sagen auch immer die Wahrheit, egal wie hart oder bitter sie für einen ist. Das habe ich am eigenen Leibe erfahren. Ich war immer der Außenseiter, egal in welcher Klasse, egal in welchem Jahrgang. Aber was einen nicht umbringt, macht einen nur stärker. Nur leider checkt man das als Kind oder Teenager so gar nicht. Verrückte Zeiten. Ich habe mit mir selbst sehr zu kämpfen gehabt, weil ich eben nicht der Coole war, der die ganze Klasse unterhielt. Für mich hat sich damals niemand eingesetzt oder starkgemacht. Keiner war auf meiner Seite.

In der Rückschau, wenn ich ehrlich bin, war das Schlimmste eigentlich, dass ich mich nicht wirklich gewehrt habe. Das ging mir nie aus dem Sinn. Wie eingangs erwähnt, ich habe dann viele Jahre später sogar einem Anti-Mobbing-Verein unter die Arme gegriffen. Diese Einrichtung habe ich im Fernsehformat *Reich und herzlich* vorgestellt und mit 10 000 Euro und einer Urlaubsreise für eines der Mobbingopfer, einen kleinen zehnjährigen Jungen mit seiner Mutter, unterstützt. Das war sicher auch eine kleine Wiedergutmachung an mich selbst.

Vielleicht hast du ja ähnliche Erfahrungen gemacht. Jetzt bist du wahrscheinlich erwachsen und deine Mobbing-Situation, falls du dich einer ausgesetzt siehst, hat nichts mehr mit gleichaltrigen Bullys auf Schulhöfen zu tun, sondern vielleicht mit Erniedrigungen und Abwertungen auf der Arbeit. Ein Vorgesetzter, ein Kollege ... Nicht wenige sind einem Umfeld ausgesetzt, das ständig an ihrer Lebensenergie zehrt.

Meine Botschaft an dich: Mach nicht denselben Fehler wie ich! Versteck dich nicht! Füge dich nicht! Unternimm etwas!

Es ist wirklich wichtig, sich mit so einer Situation auseinanderzusetzen. Wenn es dir nicht möglich ist, dem Mobbing durch direkte Konfrontation und Aussprache ein Ende zu setzen, dann hol dir Hilfe. Heute gibt es zahllose Anlaufstellen. Sollte Unterstützung auch nicht funktionieren, dann sag eben Tschüss! So schnell es geht. Du wirst als Mensch komplett aufblühen, selbst wenn du kurzfristig finanzielle Nachteile erleidest. Kein Geld der Welt ist es wert, in gefühlt ständiger Unterdrückung zu arbeiten und zu leben.

# 10. TUE DINGE, DIE ANDERE IN DEINER BRANCHE NIEMALS TUN WÜRDEN

Mein Kameramann Kevin aus Lörrach bei Basel ist mittlerweile selbst ein kleiner Star. Kevin hat sich 2016 mehrfach per E-Mail bei mir beworben, um regelmäßig Videos von meinen Luxusimmobilien zu produzieren. Nachdem er immer wieder geschrieben und mehrmals auch im Büro angerufen hatte, entschied ich damals, dass er doch einfach mal spontan für einen Tag nach Mallorca kommen solle, um einen Test-Shoot, also ein Probevideo zu machen. Gesagt, getan und ein paar Tage später stand er mit Sack und Pack und seinem Video-Equipment in meinem Büro.

Ich fuhr mit ihm zu einer Villa, die er filmen sollte, und sagte: »Wir sehen uns heute Abend zum Essen wieder, dann sprechen wir und in zwei Tagen zeigst du mir das Endergebnis.« Das Resultat und was daraus letztlich entstanden ist, kennen mittlerweile viele Menschen. Wir haben unzählige richtig geile Videos gedreht und unsere Haustouren kommen extrem gut an. Teilweise erreichen unsere Videos bis zu einer viertel Million Klicks. Durch die lockere Art und Weise der Moderation, aber dennoch professionell und seriös, sehen sich immer mehr Menschen die Traumhäuser auf Mallorca online an. Und da ich Kevin hin und wieder auch vor die Kamera schleppe, ist er schon so bekannt geworden, dass auf meiner Remus Lifestyle Night Menschenmassen mit ihm ein Selfie machen.

Zwei wichtige Punkte: Es zeigt mal wieder, dass es sich lohnt, für sein Ziel zu kämpfen. Kevin und ich sprechen oft darüber, weil ich so viele Bewerbungen in der Woche bekomme und grundsätzlich fast immer absage. Da er aber hartnäckig war und am Ende auch die Qualität gestimmt hat, arbeiten wir seit nunmehr über sechs Jahren zusammen und sind mittlerweile auch echt gut befreundet. Und der der zweite Punkt: Wir waren die Ersten! Kein Makler auf Mallorca machte vor uns überhaupt YouTube-Videos oder gar ganze Haustouren mit Drohne und Profiausrüstung. Heute sieht das natürlich schon anders aus, aber es zeigt mir, dass ich hier wieder mal kopiert werde. Und das ist als Unternehmer die beste Bestätigung. Tue Dinge, die andere bisher nicht getan haben.

Und natürlich hat am Anfang kaum jemand überhaupt unsere Videos angeklickt. Es wusste ja auch kaum einer, dass wir uns so sehr ins Zeug gelegt hatten. Aber nach und nach wuchs die Reichweite und die Klickzahlen gingen stetig nach oben. Ausdauer ist hier wieder einmal gefragt, Beharrlichkeit und Glaube, dass es funktionieren wird. Übertrage dies auf dein Leben und überlege dir, was du tun kannst, um neue Wege zu gehen. Mittlerweile werden unsere Videos teilweise über 300 000-mal aufgerufen.

# 11. GEHE AUF MENSCHEN ZU, ABER ÜBERLEGE VORHER, WAS DU SAGST – MEIN KURZES DATE MIT MADONNA

Sie ist eine lebende Ikone. Sie ist die Mutter des Pop. Sie ist die Königin. Und ich habe es innerhalb von drei Minuten so derbe verbockt, dass ich den Pre-Oscars-Cocktail-Empfang von Sir Elton John auf der Stelle verlassen musste. Die Bodyguards von Elton John setzten mich vor die Tür. Ich kenne ja wirklich viele VIPs und Promis, aber das ist mit Abstand die wirklich peinlichste Geschichte. Was für ein Erlebnis. Ich bin seit über zehn Jahren mit dem Sänger Elton John und seinem Ehemann David Furnish befreundet und fast jedes Jahr zur Elton John Oscar Party in Los Angeles eingeladen. Die Crème de la Crème der Schönen und Reichen gibt sich dort die Klinke in die Hand. Und ich.

Einen Abend vor dem großen Oscar-Event lädt Sir Elton immer ganz ausgewählte Kontakte und Freunde in die Bar des Soho House am Sunset Strip. Krass, und ich durfte auch kommen. Nachdem ich mich stundenlang vorbereitet und gestylt hatte, ging es dann los. Überall Massen an Security-Personal, die gesamte Bar war nur für uns reserviert. Und egal wohin ich blickte, ein bekanntes Gesicht nach dem anderen. Ich stoppte an der Bar, ich beobachtete das Geschehen, das Treiben der Superstars. So ist es wohl, wenn man zur Elite Hollywoods gehört.

Ich bestellte mir eine Fanta, ich trinke grundsätzlich keinen Alkohol. Ich verweilte an der Bar, hier hatte ich den besten Platz, um alle zu beobachten. Plötzlich wurde es kurz laut, ich hörte hektische Männerstimmen. Dann kamen fünf Sicherheitsleute die Treppe hoch, sie begleiteten eine Dame mit hellblondem Haar. Madonna. Die Madonna. Die Rede ist von der einzigartigen Madonna. Die Queen of Pop. Und ich an der Bar. Mit meiner Fanta. Es klingt zwar skurril und frage mich nicht, wie es dazu kam, aber wir kamen kurz ins Gespräch. Ich machte ihr für das Outfit ein Kompliment, sie war supernett und lachte, sie fragte, wo ich her sei. Und ich sagte wie aus der Pistole geschossen: »Ich habe den ganzen Weg von Spanien auf mich genommen, um Ihre Tochter kennenzulernen.« Sie guckte mich an, von oben bis unten. Eine richtige Musterung. Um meine Tochter kennenzulernen? Lourdes ist 16 Jahre alt. Um Gottes willen! So war das gar nicht gemeint, und da die Tochter von Madonna schon gefühlt seit einer Ewigkeit in den Medien ist, war mir leider auch gar nicht klar, dass sie noch so jung war. Ich war fest davon überzeugt, dass sie mindestens 20 Jahre alt sei.

Falsch gedacht. Madonna war auch nicht mehr nett. Sie lachte auch nicht mehr. Sie drehte sich um und bestellte sich und ihrer Entourage Drinks. In Windeseile kamen drei Sicherheitsleute und sagten mir, dass ich auf der Stelle und auf ausdrücklichen Wunsch von Mrs. Madonna die Location verlassen müsse. Rauswurf wegen Madonna? Was habe ich denn da nur für einen Satz von mir gegeben? So etwas ist mir noch nie passiert! Und es war ja auch gar nicht so gemeint, wie sie es aufgeschnappt hatte. Ich meinte ja nur damit, dass ich so weit von Spanien nach Los Angeles gereist war, um sie mal zu treffen, natürlich nicht um sie zu daten. Wahnsinn. Alles total verrückt.

Noch am selben Abend entschuldigte ich mich per SMS bei Elton und David für mein Verhalten. Am nächsten Tag, auf der großen Elton John Oscar Party, erklärte mir David kurz, dass wohl die Beziehung von Madonna und Elton über Jahre hinweg nicht die beste gewesen sei und sie so froh waren, dass sie überhaupt auf ihre Pre-Party kam. Er und Elton hatten mir verziehen. Was habe ich daraus gelernt? Nicht jeder fasst einen lockeren Spruch so auf, wie man es selbst vermutet. Daher besser drei Mal überlegen, was man sagt. Aber auf der anderen Seite sollte man sich dennoch weiterhin trauen, neue Menschen anzusprechen und kennenzulernen. Nur eben nicht unbedingt die Queen of Pop, Madonna, und ihre Tochter.

# 12. LERNE, RUHE ZU BEWAHREN

Etwas, was gerade mir besonders schwerfällt: Ruhe bewahren. Es ist definitiv ein wichtiger Faktor, wenn man erfolgreich werden möchte. Zum einen stellt sich der Erfolg immer erst nach und nach ein und zum anderen ist es wirklich schwierig für mich, ruhig zu bleiben. Ich bin extrem übermotiviert und alles muss immer schnell, schnell gehen. Besonders in meinem Job muss man die Dinge nehmen, wie sie kommen. Man kann oftmals die Entscheidung der Käufer oder der Verkäufer nicht beeinflussen. Man kann die Richtung angeben, sicherlich auch alles in gewisser Weise in die richtige Richtung lenken, aber am Ende liegt es nicht an einem selbst. Ich glaube, das werde ich auch nie akzeptieren lernen.

Selbst nach Jahren in diesem Business ist beispielsweise der Moment, wenn der Kunde sagt, dass er das Objekt kaufen wird, bis hin zu dem Tag, an dem der Kunde den Optionsvertrag zur Reservierung der Immobilie unterzeichnet, immer eine ziemliche Anspannung für mich. Nach Unterzeichnung des Optionsvertrages muss der Kunde innerhalb von wenigen Tagen zehn Prozent des Gesamtkaufpreises auf das Konto des Notars überweisen. Erst dann ist das Haus tatsächlich reserviert und kann in der Regel nicht mehr von anderen Maklern, die das Haus bis dato auch angeboten haben, verkauft werden. Selbst wenn man sich denkt »Egal ob das jetzt klappt, ich hatte die letzten Jahre eh so viele gute Deals und habe in der Vergangenheit schon so viel in so jungen Jahren erreicht«, dann eifert man trotzdem diesem nächsten Deal entgegen. Die Spannung und die Anspannung bleiben einfach nicht aus. Aber genau das macht das Business ja auch so interessant. Wäre es alles immer so einfach, dann würde es jeder machen und dann wäre der Adrenalinkick auch schnell vorbei.

Ruhe bewahren, das muss ich definitiv für mich noch besser lernen. Es kommt immer alles, wie es kommen soll. Während ich dieses Kapitel schreibe, verhandle ich gerade wieder einen Hausverkauf. Auch hier geht es um einen Deal im zweistelligen Millionenbereich. Ultraspannend. Mit einer für mich ultrahohen Provision. Die Anwälte von Käufer und Verkäufer sind tatsächlich seit über zehn Wochen dabei, die Vertragsdetails zu verhandeln. Termine beim Rathaus mussten beantragt werden, um die Bauakte einzusehen. Dann war aber Sommerpause und während des gesamten Monats August hat dort keiner gearbeitet.

Zwischenzeitlich hatte sich der Käufer überlegt, dass er so ein teures Haus auf Mallorca doch nicht braucht. Dann hat er seine Meinung erneut geändert. Dann wollte der Verkäufer plötzlich die teure Espressomaschine und das Helmut-Newton-Buch mitnehmen, bevor er das Haus verkauft, obwohl diese Gegenstände Teil des Vertrags und der Inventarliste waren. Dann war der Käufer wieder irritiert, warum der Verkäufer das jetzt trotz der hohen Kaufsumme diskutiert. Dann musste ein Gutachter das Haus bewerten. Daraufhin stellte sich heraus, dass die Außenküche, circa drei Meter lang, nicht im Grundbuch und in den Bauplänen eingetragen war. Also kam es wieder zu Komplikationen. Dann überlegte sich die Verkäufer-Gattin, dass sie nächsten Sommer doch noch in dem Haus verbringen möchte, der Käufer wollte aber innerhalb der nächsten Monate die Übergabe machen. Puh! Gestern wurde der Vertrag endlich unterzeichnet. Ich freue mich! Wieder ein Stück näher an meinem Jahresziel. Aber Ruhe zu bewahren, das fällt mir trotzdem schwer. Dennoch kann ich dir nur raten, das frühzeitig zu lernen.

# 13. SEI NICHT GELDGEIL, SORGE ABER VOR FÜR DEN NOTFALL

Die meisten Menschen gehen jeden Tag einer Arbeit nach, um für eine Leistung bezahlt zu werden. Jeder von uns muss Geld verdienen. Der eine mehr, der andere weniger. Dafür arbeitet der eine aber auch mehr, der andere weniger. Für den einen ist es die große Passion, für den anderen Mittel zum Zweck. Als ich Anfang zwanzig war, war ich so unfassbar hungrig nach Geld. Ich wollte viel Geld verdienen. Das Geld hat mich extrem motiviert. Oftmals habe ich mir die Provision sogar schon vorab zum Spaß ausgerechnet, bevor ich überhaupt den Kunden persönlich zur Hausbesichtigung getroffen hatte. Allein schon die Summen, die man theoretisch verdienen konnte, haben mich extrem angetrieben. Und ich musste ja, als Selbstständiger, auch wirklich sicherstellen, dass Geld reinkam.

Ständig dem Geld nachzulaufen, weil man muss oder weil man nicht anders kann, ist aber kein Weg, den ich empfehle. Trotzdem musst du so viel verdienen, dass du dir ein finanzielles Polster schaffst. Schau, dass du genügend Geld sparst und auf die Seite legst. Und investiere. Investments mit laufender Rendite sind keine Ausgaben, sondern eine stetige Mehrung deines Vermögens. Wenn du die ganze Zeit immer nur an Geld denkst und rechnen musst, ob du am Monatsende über die Runden kommst, macht dich das verrückt. Du wirst unsicher und leichtsinnig zugleich. Besonders in der jetzigen Zeit ist es unmöglich vorauszusehen, was die Zukunft bringt. Kriege und Krisenherde an mehreren Brennpunkten, Zinserhöhungen, Inflation. Viele Menschen, selbst einige meiner Kunden, wissen aktuell nicht, wie sie ihre Kredite bedienen sollen. Alles wird teurer. Versuche, Ruhe in dein Leben zu bringen.

Das Schlimmste ist, wenn du nächtelang wachliegst, weil du weißt, dass Rechnungen reinflattern werden, und du keinen Plan hast, wie du diese bezahlen sollst. Habe ich alles schon erlebt. Und von dieser Angst wollte ich sehr schnell weg. Anfangs hatte ich Zeiten, in denen ich alles auf Pump per Kreditkarte bezahlt habe, ohne überhaupt genügend Geld auf dem Konto zu haben. Das macht einen am Ende mürbe im Kopf. Ich arbeite jeden Tag mit so viel Engagement und Energie. Der Kunde merkt das sofort. Der Kunde merkt, ob du ihm etwas verkaufen *musst*, damit du selbst überhaupt überleben kannst. Oder ob du es ernst meinst und wirklich überzeugt bist von dem, was du sagst.

Nimm dich selbst etwas zurück. Du wirst sehen, dass es mit der Zeit einfacher sein wird, Geld zu verdienen. Das Geld kommt zu dir! Und du wirst das Geld entspannter investieren. Ich sage bewusst nicht »ausgeben«. Du wirst dein Geld überlegter einsetzen, damit du auch in Krisenzeiten ruhig schlafen kannst.

# 14. NIMM AUCH DEINE VERGANGENHEIT, UM DICH ZU MOTIVIEREN

An meine Schulzeit erinnere ich mich extrem ungern. Wenn ich heute zurückblicke, dann war die Zeit für mich eine echte Strapaze. Ich habe zwar das Gymnasium besucht und auch Abitur gemacht, aber ehrlich gesagt, habe ich einen Großteil von dem, was mir da jeden Tag so beigebacht werden sollte, nicht verstanden. Heute weiß ich auch, warum. Nicht, weil ich zu dumm war, sondern eher, weil ich damals schon sofort verstanden habe, dass ich all das, womit ich mich dort rumschlagen musste, nicht für mein Leben und meinen Alltag benötigen würde.

Warum sollte ich irgendwelche Kurvenberechnungen lernen? Mich interessiert das auch heute nicht. Welcher Kunde fragt mich denn bei der Immobilienbesichtigung nach einer Differenzialgleichung oder einer trigonometrischen Funktion? Der Notar hat mich bei einem Hausverkauf für Multimillionen auch noch nie nach einer Wurzelberechnung gefragt. Ich wusste schon im Teenageralter, dass ich niemals Mathematiker oder Informatiker werden würde. Ich wusste auch, dass ich niemals beruflich etwas mit Physik, Chemie oder Biologie zu tun haben würde. Zumindest nicht direkt. Alles viel zu kompliziert für meinen Kopf. Viel zu trocken, viel zu langweilig. Aber natürlich respektiere ich Menschen, die sich damit gerne befassen und perfekt auskennen. Ich tue das, jenseits der Alltagsmathematik, leider nicht.

Der fast tägliche Mathematikunterricht war für mich ein Horror. Physik auch, weil ein Großteil in der Oberstufe auf Mathe aufgebaut hat. Ich habe echt nur Spanisch verstanden. Im wahrsten Sinne des Wortes. Zwangsweise hatte ich in fast jeder Prüfung eine Fünf. Auf den Zeugnissen sah es meist so aus: Sport, Religion und Kunst eine Eins, also sehr gut. Physik eine Vier, Mathe eine Fünf, und Chemie konnte ich zum Glück direkt abwählen. Sonst hätte ich es definitiv nicht geschafft und wäre sitzengeblieben.

Mit den anderen Fächern hatte ich es leider auch nicht so. Meistens auch nur befriedigende Noten. Was mich eigentlich immer am meisten geärgert hat, war der Umstand, dass die Lehrer einem nicht unterstützend zur Seite standen. Wer etwas nicht verstanden hatte, hatte eben Pech gehabt. Friss oder stirb. Entweder man kommt mit oder man ist raus. Entweder man ist dem Druck als Schüler gewachsen oder man bleibt eben auf der Strecke. Leider ist das Schulsystem in Deutschland so. Leider ist das ganze Leben so. In Amerika zum Beispiel wirst du von den Lehrern zu jeder Zeit unterstützt. Du kannst sogar am Nachmittag nach der Schule um Nachhilfe bitten. Der gesamte Fokus liegt in den USA viel mehr auf deinen Talenten. Dort wirst du gefördert bei dem, was dir gefällt und was dir Spaß macht. Außerdem gibt es viel mehr Fächer, die dich auf das echte und harte Leben vorbereiten. Naja, ich habe es überlebt. Aber ehrlich gesagt finde ich es schade, dass man gerade in jungen Jahren an Dinge und Aufgaben herangeführt wird, die einen weder glücklich machen noch in irgendeiner Form weiterbringen. Was habe ich damals für mich gelernt? Durchbeißen ist angesagt. Auch wenn mir das alles keinen Spaß macht, da muss man durch. Auch wenn ich wusste, dass mich das in meinem Leben nicht wirklich weiterbringen wird.

Für mich ist heutzutage wichtig, dass ich meine Provision ausrechnen kann. Da muss ich gerade selbst lachen. Prozente kann ich ausrechnen. Meine Fähigkeit liegt darin, Menschen mit einem neuen Zuhause glücklich zu machen. Meine Fähigkeit liegt darin, gut zu verhandeln, sodass beide Seiten, Käufer und Verkäufer, happy sind. Ich muss menschlich sein und mich innerhalb von kurzer Zeit auf verschiedenste Charaktere einstellen können. Und genau das macht mir extrem viel Spaß. Darin gehe ich auf und genau deshalb bin ich darin auch so erfolgreich.

Wenn ich heute zurückblicke, motiviert mich genau diese Zeit – meine Schulzeit – extrem. Oftmals bin ich auf Events oder auf Firmenveranstaltungen als Sprecher gebucht und in meiner Präsentation spreche ich auch ganz offen über die schlimme Zeit von damals. Auch über meine Misserfolge als Schüler. Gerade die, die früher in der Schule nichts auf die Reihe gekriegt haben, haben später im Leben so Vollgas gegeben, dass sie es all denen von früher so richtig gezeigt haben. Genauso geht es mir. Die, die früher zu Schulzeiten nie an mich geglaubt haben, mich runtergemacht und erniedrigt haben, die mich demotiviert oder gemobbt haben, genau die motivieren mich ungemein. Als Sprecher rede ich dann auf der Bühne immer von der »historischen Motivation«. Ich liebe es und erinnere mich in Zeiten, wenn es mal nicht so läuft, gerne daran zurück. Dann denke ich mir, wärst du jetzt Mathematiker geworden, wäre das Leben weitaus schlimmer. Und schon renne ich wieder um mein Leben und bin höchst motiviert.

Und ich bin mir sicher, jeder von uns hat in der Vergangenheit Situationen erlebt, die richtig unangenehm waren, die einem heute jedoch, im Rückblick, einen Energiestoß geben. Suche dir genau solche Ereignisse aus deiner Vergangenheit und du wirst sehen, wie schnell du dich selbst wieder motivieren kannst.

# 15. VERGISS NIEMALS DEINE ELTERN!

Ganze 17 Wochen lang lag meine Mutti mit mir im Krankenhaus, bevor sie mich zur Welt brachte. Ein auf und ab. Immer wieder kam es zu Komplikationen. Aber zum Glück habe ich dann gesund und munter am 3. Oktober 1986 um 17:05 Uhr das Licht der Welt erblickt. Meine Eltern haben sich rührend um mich gekümmert und ich bin wohl behütet aufgewachsen. Ich bin ihnen sehr dankbar. Dennoch kam es vor ein paar Jahren dann doch zur Scheidung. Mein Vater hatte meine Mutter nach dreißig Jahren Ehe von heute auf morgen verlassen. Wir waren auf uns gestellt. Mich hat das natürlich verstört und auch etwas geprägt. Jeder von uns hat eben seine persönlichen Erfahrungen gemacht und die Summe all dieser Erfahrungen ergibt, wie und wer man heute ist. Mit allen Stärken und allen Schwächen.

Es hat auch nichts damit zu tun, dass ich hier schlecht über meinen Vater reden möchte, wir sind schon lange wieder im Reinen. Ich persönlich hätte es nur anders gemacht. Aber das kann man vielleicht auch leicht sagen, wenn man die Situation nicht selbst durchlebt hat.

Mutti ist die Beste, das steht fest, und ich freue mich jeden Tag sehr darüber, dass wir uns so gut verstehen und jeden Tag so perfekt harmonieren. Nach der Trennung war für mich direkt klar, dass sie für mich arbeiten wird und ich sie als Mitarbeiterin einstellen werde. Ihre Alternative wäre gewesen, dass sie in eine kleine Wohnung irgendwo in Deutschland zieht und dort ein neues Leben beginnt. Als einziger Sohn war für mich sofort klar, dass ich finanziell einspringe. Zumindest so lange, bis meine Mutter selbst als Maklerin bei mir genug Geld verdient. Alles wunderbar. Was habe ich daraus gelernt? Es kommt immer anders, als man denkt. Meine Mutter hat die Erfahrung gemacht, dass es leider gar nicht gut war, dass man über Jahrzehnte abhängig vom Ehemann war.

*Verlasse dich nie auf andere, sonst bist du verlassen!* Auch wenn das Leben damals sicherlich schön war und es uns als Familie an nichts fehlte. Mein Vater ist mittlerweile wieder glücklich verheiratet und ich freue mich für ihn. Jeder ist für sich selbst verantwortlich und keinem steht es zu, sich irgendwo länger einzumischen.

Unabhängigkeit, besonders finanziell, ist wichtig im Leben. Und am Ende bin ich einfach nur extrem dankbar, dass ich in so jungen Jahren schon so viel Geld verdient habe, dass ich meiner Mutter eine tolle Wohnung am Strand und ein neues Auto kaufen konnte. Das ist sicherlich nicht selbstverständlich. Ich bin dankbar, dass ich einfach so und kurzfristig zwei Haushalte finanzieren konnte. Und ich bin dankbar für meine Mutter und für meinen Vater, ohne die ich nicht dort wäre, wo ich bin.

# 16. SETZE DIR STETS ZIELE – MEIN 122-MILLIONEN-EURO-DURCHBRUCH

Sich Ziele im Leben zu setzen ist extrem wichtig! Das wissen wir alle. Dennoch habe ich oftmals das Gefühl, es gibt unglaublich viele Menschen, die einfach nur durchs Leben tingeln, ohne wirkliches Ziel. Ohne zu wissen, wo sie hinwollen, was sie erreichen möchten. Mich macht das traurig. Dabei sind unsere Ziele ganz klar der Grundstein zur Erfüllung unserer Träume und Wünsche.

Erinnere dich an Weihnachten. Jeder von uns hat früher als Kind einen Wunschzettel für den Weihnachtsmann geschrieben. Und bis zum Heiligen Abend konnten wir es vor lauter Aufregung und Spannung nicht erwarten, bis der Weihnachtsmann oder das Christkind die Geschenke brachte. Schön, wenn man sich an diese Zeit zurückerinnert. Aber was ist der Unterschied zwischen einem Ziel und einem Wunsch oder Traum? Ein Ziel verfolgen wir aktiv. Wir setzen uns dafür ein, wir arbeiten daran, wir investieren Zeit und oftmals auch Geld, um es zu erreichen. Ein Wunsch erfüllt sich eher passiv, oder auch nicht, ohne dass wir es großartig beeinflussen können. Mach deinen Wunsch zu deinem Ziel und arbeite stetig daran, es zu erreichen. Nimm dein Leben selbst in die Hand. Ein Ziel gibt unserem Leben erst einen Sinn. Warum sollten wir sonst morgens überhaupt aufstehen? Klar, wer Ziele hat, weiß warum er jeden Tag aufs Neue Gas gibt und sich eben mehr den Hintern aufreißt als vielleicht sein Nachbar, der jeden Tag ab 17 Uhr zu Hause ist und die Füße hochlegt.

Die Frage ist zugleich auch immer: Was will ich? Und was bin ich bereit dafür zu leisten und auch zu opfern? Auf was kann ich verzichten? Nichts im Leben ist umsonst und von nichts kommt nichts. Darüber sind wir uns alle einig. Ich reflektiere ständig und überlege mir selbst: Bin ich auf dem richtigen Weg? Ist der Weg derjenige, der mir gefällt? Läuft alles nach Plan? Werde ich so mein Ziel erreichen? Was ist nötig, um an mein Ziel zu gelangen? Du musst realitätsnah sein. Du musst verstehen, was um dich herum passiert. Du musst lernen. Und ohne Zielstrebigkeit kommst du nie an! Ehrgeiz, Beharrlichkeit, Ausdauer, Hingabe, Entschlossenheit, Hartnäckigkeit, Disziplin, Unbeirrbarkeit, Willensstärke, Verbissenheit – erst Ziele machen Erfolg möglich.

Ich habe so oft Situationen in meinem Leben erlebt, in denen andere Menschen mir erklären wollten, warum das alles nicht funktionieren wird, was ich mir in den Kopf gesetzt hatte. Wie eben damals in der Schulzeit, als keiner an mich geglaubt hat. Mein heutiger Erfolg war damals für niemanden vorstellbar. Im Reitsport, in dem ich jahrelang extrem aktiv war, wurde mir damals von meinem Trainer auch immer gesagt, das Talent reiche nicht. Und trotzdem habe ich es in den Bundeskader geschafft und gehörte zu den zwölf besten Reitern in Deutschland in meiner damaligen Altersklasse. Sogar für die große Show *Apassionata* wurde ich für die Europatour engagiert. Und all das, obwohl ich ja laut der Meinung anderer kein Talent hatte. Und als ich mich als Makler auf Mallorca selbstständig gemacht habe, war ich wieder an diesen Punkt gekommen. Keiner hat damals an mich geglaubt, ich war nur »noch ein Immobilienmakler mehr« auf Mallorca.

Und weißt du, was nach all den Jahren das Geilste ist? Im Jahr 2021, inmitten der Corona-Krise, habe ich einen unfassbaren Umsatz gemacht. Das Transaktionsvolumen lag bei sage und schreibe 122 Millionen Euro. Und das als One-Man-Show zusammen mit meinen zwei Ladies, also meiner Assistentin und meiner Mutti. Das ist echt utopisch. Im Jahr 2022 wurde der Rekord sogar nochmals gebrochen. Trotz Corona-Nachwehen, Krieg in der Ukraine, Inflation und Energiekrise. Das Transaktionsvolumen lag 2022 bei über 130 Millionen Euro. Kein anderer Immobilienmakler verkauft auf Mallorca Häuser für so viel Geld in einem Jahr. Warum habe ich das geschafft? Ganz einfach: Ich habe mir verschiedene Ziele gesteckt. Mein Vision-Board hat mich jeden Tag positiv beeinflusst und überhaupt war ich so unfassbar motiviert, es mir und den anderen zu beweisen.

Jeder kann es schaffen. Daran glaube ich, egal was andere denken und sagen. Die Welt ist voller Möglichkeiten, aber du musst sie erkennen. Du musst sie nutzen. Das Türenöffnen ist nicht das Komplizierte. Das Durchgehen und Sich-Behaupten ist das, worauf es ankommt. Deshalb jeden Tag Vollgas und Attacke! Auf was wartest du?

# 17. BAUE DIR EIN GROSSES NETZWERK AN KONTAKTEN AUF

Kontakte schaden nur dem, der keine hat! Oder: Ich zu Hause bei Donald Trump. Aber der Reihe nach.

Im Winter, wenn die Jahresumsätze eingefahren sind und das Jahr sich dem Ende zuneigt, fliege ich fast immer in die USA und verbringe vier bis fünf Wochen in Miami und Los Angeles. Es ist gar nicht mal nur Urlaub, vielmehr hole ich mir dort meine Motivation und oftmals einfach auch Inspirationen für das neue Jahr. Jetzt gerade sitze ich zum Beispiel in der weltberühmten Polo Lounge im Beverly Hills Hotel und schreibe den Großteil dieses Buches. Ich liebe Amerika und ich liebe die Amerikaner. Oft heißt es ja, dass sie oberflächlich seien. Aber lieber ist jemand oberflächlich freundlich zu mir als tiefgründig griesgrämig. Ich finde die Mentalität des typischen Amerikaners sensationell. Immer voller Power, immer gut drauf, immer motiviert.

Und noch besser ist die Tatsache, dass sie wenigstens in diesem Land das Wort Neid nicht kennen. Jeder freut sich über den Erfolg des anderen, jeder gönnt es dem anderen. Und wenn man sich austauscht und von sich erzählt, hauen sie dir auf die Schulter und spornen dich an, noch mehr im Leben zu erreichen. In Deutschland würde dir niemand auf die Schulter klopfen und dir weiterhin viel

Erfolg wünschen. In Deutschland zerreißt man sich eher das Maul über das neue Auto des Nachbarn oder dessen nächste Reise ins nächste Luxushotel. Und wie das alles wohl finanziert wird. Alle und alles extrem negativ.

Im November 2021 war ich wieder in Miami, Florida. Einer meiner Kunden hatte mir während einer Besichtigung auf Mallorca im Sommer erzählt, dass er mit seiner Familie seit Jahren ein großes Anwesen in Palm Beach besitzen würde und der exklusive Members-only-Golfklub Mar-a-Lago der »Place to be« der Schönen und Reichen sei. Dort müsse man hin. Nur leider geht das immer nur in Begleitung eines Mitglieds. Alleine kann man dort leider nicht einfach einmarschieren und dem lieben Donald und seiner Melania einen Besuch abstatten. Ich erinnerte mich daran, dass mein Kunde mir von einem deutschen Manager erzählte, der die rechte Hand von Donald Trump sei. Schnell hatte ich den Namen gegoogelt.

Nachdem ich im besten Restaurant von Palm Beach zu Mittag gegessen hatte, bestellte ich mir das luxuriöseste Fahrzeug in der Uber App. Eine schwarze Mercedes-Limousine holte mich ab. Ziel: Mar-a-Lago, der Wohnsitz von Ex-Präsident Donald Trump. Ohne Termin und ohne Vorankündigung. An allen Eingängen und Zufahrten waren Security-Leute und Bodyguards. Alles war kameraüberwacht, alles war abgesperrt. Wir fuhren vor und ich ließ hinten meine Autoscheibe runter. »Guten Tag, wie geht's? Ich habe einen Termin bei dem Manager von Mar-a-Lago. Jetzt gleich um 15 Uhr. Marcel Remus aus Deutschland.« Die Sicherheitsleute funkten mehrfach über ihr Walkie-Talkie hin und her. Wir wurden abgewiesen und sollten zu einem anderen Eingang fahren. Immerhin. Keine direkte

Absage. Dort angekommen, am Eingang Nord auf der Meeresseite, dasselbe Prozedere. Hi, ich bin es, Marcel Remus. Ich habe einen Termin. Ich spürte, wie mein Herz klopfte. Geile Aktion schon wieder. One moment, please. Verrückt. Die Schranke ging auf. Sie können zum Haupteingang vorfahren, bitte. Der Manager kommt gleich und wird Sie empfangen. Ich lach mich schlapp, das kann ja gar nicht wahr sein. Zu Hause bei Donald Trump, dem Ex-Präsidenten der Vereinigten Staaten von Amerika.

Ich wurde von einer netten Dame begrüßt. Der Manager kommt in fünf Minuten, sagt sie, er entschuldige sich, dass er meinen Termin nicht pünktlich einhalten konnte. Pünktlich? Welchen Termin? Ich musste innerlich total lachen. Ich hatte gar keinen Termin. Und ein paar Minuten später stand er dann dort, der Manager von Mar-a-Lago, und begrüßte mich auf Deutsch. Schnell erklärte ich ihm, dass ich einige extrem vermögende Kunden in meinem Portfolio habe, die regelmäßig hier vor Ort sind, Golf spielen oder sich zum Mittagessen in exklusiver Umgebung verabreden. Er zeigte mir das gesamte Gelände, das ganze Areal, alle Gebäude. Nur in eines der Gebäude durften wir nicht rein. Donald und seine Frau Melania seien aktuell dort, hieß es, und deshalb seien im Moment auch über 60 Sicherheitsleute auf dem Anwesen verteilt. Krass! Die sind ja sogar da! Ich konnte es gar nicht glauben.

Nach knapp dreißig Minuten war mein Meeting mit dem Manager vorbei. Er gab mir seine Visitenkarte und wir machten noch ein gemeinsames Foto. Social Media, du weißt ja, wie wichtig das heutzutage ist. »Melde dich gerne, wenn du mal wieder in Florida bist!«, sagte er und reichte mir die Hand. Unglaublich! Der nächste Kontakt.

Wer weiß, wofür es gut ist. Und auch wenn ich kein Donald-Trump-Fan bin, in meinen Kundenkreisen mitreden zu können, zu wissen, wovon sie reden, wenn es um Palm Beach geht oder eben um den berühmtesten Golfklub der Welt, das ist mir wichtig. Genau darum geht es. Sich stets weiterbilden, weiterinformieren, an sich arbeiten. Und wenn eben ein nicht vorhandener Termin als kleine Notlüge vorgeschoben werden muss, dann ist das auch okay. Kontakte schaden wie gesagt nur dem, der keine hat. Jedenfalls war es ein aufregendes Erlebnis.

# 18. BAUE EINE PERSÖNLICHE KUNDENBINDUNG AUF – MEIN *REMUS SUNDAY TALK*

Wie bindet man seine Follower und Fans auf den Social-Media-Plattformen noch mehr an sich? Wie sorgt man für noch mehr Interesse an der eigenen Persönlichkeit? Und noch viel wichtiger: Wie erreicht man noch mehr potenzielle Käufer? Gerade in der heutigen Zeit ist es komplizierter geworden, die richtige Richtung einzuschlagen, wenn es um Marketing und persönliche Präsenz geht. Jeder von uns stellt sich ja die Frage: Wie komme ich weiter voran? Und dabei ist es ganz egal, ob du in einem Angestelltenverhältnis arbeitest oder dein eigener Chef bist. Jeder vermarktet sich selbst auf diversen Plattformen. Das müssen noch nicht einmal digitale Plattformen sein.

Die Frage ist: Wie bindet man seine Kunden oder eben auch Follower noch mehr an sich? Vor etwa sieben Jahren habe ich mir persönlich mal wieder all diese Fragen gestellt. Was kann man noch machen, was vielleicht die lieben Maklerkollegen nicht machen? Wie kann ich Reichweite generieren und zugleich meine seriöse und professionelle Tätigkeit weiter ausbauen? Zu der Zeit war Facebook noch weitaus größer und bedeutender als Instagram. Also hab ich mir überlegt, dass es doch richtig gut wäre, ein regelmäßiges Zusammentreffen, eine Art Get-together, jede Woche online zu organisieren. Das Ganze auf Facebook. Neu war damals die Live-Funktion. Man konnte jetzt egal von wo und egal wann live mit seiner Community interagieren und sich austauschen. Der *Remus Sunday Talk* war geborgen. Das bedeutete, dass ich jeden Sonntag um 19:30 Uhr live gehen würde, um meinen Followern oder auch Kunden oder Mallorca-Fans Rede und Antwort zu stehen. Immer für eine gute halbe Stunde. Bis eben der *Tatort* anfängt. Du musst wissen, ich bin ein riesiger *Tatort*-Fan und verpasse keine Folge. Jeden Sonntag nach dem *Remus Sunday Talk* sitze ich gespannt auf meinem Sofa und jage Verbrecher.

Das Live-Format hatte sich nach einigen Wochen bereits fest etabliert. Tatsächlich auch bei Kunden, Käufern und Verkäufern. Immer wieder wurde ich Tage nach dem letzten Talk auf den entsprechenden Inhalt angesprochen. Wie entwickelt sich der Mallorca-Immobilienmarkt? Was ist das aktuell angesagteste Hotel? Wo gibt's die besten Tapas in Palma? Wie viele Steuern fallen bei einem Immobilienkauf auf der Insel an? Wie kommt man auf die Remus Lifestyle Night? Steigen die Preise weiter? Unmengen an Fragen, denen ich mich jeden Sonntag stelle. Die Bindung, die ich nach den Jahren zu meinen Followern aufgebaut habe, ist beeindruckend.

Für viele ist der *Remus Sunday Talk* zu einem richtigen Ritual geworden. Das gehört zum Sonntag dazu. Mich freut das natürlich sehr! Und ehrlich gesagt kommen auch einige Käufer genau darüber! Der direkte Kontakt zu mir über die Onlineplattform hilft ungemein, vorab Vertrauen aufzubauen. Und das Beste an dem ist einfach die Tatsache, dass kein anderer Makler so etwas macht. Keiner geht jede Woche live und redet über die Ereignisse der Woche oder über Neuigkeiten auf der Insel.

Ich empfehle dir, eine Möglichkeit zu finden, mit der du dich mit deinen Kunden oder einfach auch deinen Followern connecten kannst. Das baut Loyalität und Trust auf. Und wenn dein Kunde dir schon vertraut, bevor es überhaupt zu einem Geschäft kommt, ist das die halbe Miete. Versuche dich bestmöglich zu präsentieren und zu vermarkten. Du wirst sehen, wie viel es dir bringt. Und das Ganze sogar kostenlos. Natürlich musst du Zeit investieren. Und auch ich muss zugeben, es ist nicht immer einfach, sich wirklich jeden Sonntagabend zu motivieren oder auch die Zeit so einzuteilen, dass man live um 19:30 Uhr parat steht, um voller Begeisterung loszulegen. Aber von nichts kommt nichts.

# 19. LEBE KLEIN, UM GROSSE INVESTMENTS ZU TÄTIGEN

Ein Bett und eine Badewanne auf 69 Quadratmetern machen mich glücklich! Seit Jahren verkaufe ich Luxusimmobilien auf Mallorca und bin einer der erfolgreichsten Verkäufer der Insel. So weit, so gut. Klingt arrogant, aber es ist nun mal Fakt. Viele interessiert natürlich, wie ein Luxusmakler, wie ich es bin, der Häuser an die Schönen und Reichen verkauft, selbst residiert. Wie wohnt jemand, der für 130 Millionen Euro im Jahr Immobilien verkauft?

Die Zeitschrift *Bunte* hatte vor Jahren einmal eine Homestory bei mir zu Hause gemacht. Damals habe ich noch in meiner Penthouse- Wohnung am Hafen von Palma gewohnt. Das »Remus Penthouse« in Palma ist meine erste eigene Immobilie auf Mallorca gewesen. Gekauft mit 24 Jahren, also im Jahr 2011, für 650 000 Euro. Neubau, mit 130 Quadratmetern plus 80 Quadratmeter Terrasse und einem spektakulären Blick auf das Meer, die Yachten, die Kathedrale und das Tramuntana-Gebirge. Drei Schlafzimmer, zwei Bäder, Heizung, Klimaanlage, Fahrstuhl, der direkt in die Wohnung geht, und zwei Stellplätze in der Tiefgarage. Wert heute: 2,5 Millionen Euro. Dort habe ich bis vor fünf Jahren noch selbst gewohnt.

Dann bekam ich plötzlich von einer sehr netten Schweizer Dame ein Angebot zur Miete. Das Angebot war so extrem gut und lukrativ, dass ich innerhalb von drei Wochen meine Sachen gepackt habe und ausgezogen bin. Naja, viele Sachen habe ich gar nicht mitgenommen, da ich das Penthouse inklusive Möbel vermietet habe. Problematisch war dann tatsächlich, eine Alternative zum Wohnen zu finden. Ich habe mich spontan für besagte Wohnung an der Playa de Palma entschieden, 69 Quadratmeter. Das kann sich immer gar keiner vorstellen, wenn ich sage, dass ich am Ballermann auf beschaulichen 69 Quadratmetern lebe und eben nicht in der Mega-Prunkvilla mit sechs Schlafzimmern.

Vor ein paar Wochen war ich bei dem lieben Philipp Westermeyer im OMR-Podcast-Interview, auch er fand es sehr amüsant, als ich über meine Wohnsituation sprach. Ehrlich gesagt ist das, glaube ich, auch ein Teil meiner Erfolgsgeschichte oder ein Grund für sie. Zurückstecken und klug entscheiden ist einfach besser als auf dicke Hose zu machen. Das Gute ist, es muss ja mir gefallen und nicht anderen Menschen. Und ob du es glaubst oder nicht, ich liebe diese Wohnung. Mein »Remus Beach House«. Zwei kleine Schlafzimmer, zwei Bäder, offener Wohn-Ess-Bereich mit Küche. Acht Quadratmeter Balkon. Aber direkt am Strand mit einem wirklich spektakulären Meerblick, und das ist jetzt kein Spruch aus einem Exposé. Ich erfreue mich daran, dass ich von meinem Bett aus einen gewaltigen Meerblick habe. Und ich erfreue mich daran, dass ich eine schöne Badewanne habe, die ich so gut wie jeden Tag nutze. Okay, das Badezimmer ist zwar so klein, dass man sich kaum drehen und wenden kann, aber das ist mir auch egal. Für meinen Hund Buddy und für mich reicht es allemal. Ich wohne jetzt schon fast fünf Jahre am Ballermann. Eben alles anders als alle anderen. Aber diesen Sommer ziehe ich in mein neues Haus, die »Remus Residence«, die ich in Son Vida gekauft habe. Aktuell laufen die Renovierungen. Ich sehe das ganze tatsächlich als kleines Experiment. Mal sehen, ob ich da wirklich selbst einziehe oder nach ein paar Wochen und einem guten Angebot wieder ausziehe, zurück in meine Ballermann-Bleibe, und das Haus vermiete.

# 20. ACHTE IMMER AUF DEINE PERSÖNLICHE SICHERHEIT

Im Januar 2020, mitten in der Nacht um drei Uhr, wurde bei mir in meinem kleinen, feinen Remus Beach House eingebrochen, während ich im Bett lag und schlief. Die im letzten Kapitel beschriebene Wohnung mit gerade mal 69 Quadratmetern befand sich in der ersten Etage. Der maskierte Einbrecher gelangte über das Vordach auf meinen Balkon. Da ich immer mit einem offenen Fensterspalt schlafe, konnte der Einbrecher ganz einfach mit seiner Hand das Fenster aufschieben. Es war mein Schlafzimmerfenster, er war also nur noch wenige Meter von mir entfernt. In der Sekunde, als er die Scheibe bewegte, wurde ich wach. Ich sprang auf, habe nicht einmal nach meiner Brille gegriffen, sondern bin quasi blind, wie ich ohne Brille nun mal bin, an mein Fenster gesprungen und habe rausgeschrien. Mein Herz klopfte so schnell, ich hatte so einen krassen Adrenalin-Kick. So ein Gefühl hatte ich noch nie in meinem Leben. Der ganze Körper zitterte. Ich habe so laut geschrien. Ich kann mich nur noch daran erinnern, dass ich auf Spanisch immer nur »policía« gerufen habe. So laut ich konnte. Innerhalb von Sekundenbruchteilen lies der Einbrecher vom Fenster ab und sprang zurück. Er sprang vor lauter Schreck direkt über den Balkon, ich hörte ein dumpfes Geräusch. Er war unten auf der Pool-Terrasse aufgekommen. »Fuck!«, hörte ich nur noch, dann lief er ganz schnell weg und entkam über die Pool-Terrasse raus auf die Straße.

Ich fing an zu weinen, du kannst dir nicht vorstellen, was für eine Panik ich hatte. Ich habe ihn vor mir gesehen. Er stand keinen halben Meter vor mir. Ich griff schnell zum Handy und rief die Polizei. Die Dame am Telefon fragte, ob der Einbrecher noch zu sehen sei? Ich sagte: »Nein, der ist weggelaufen, Richtung Strand.« Auf einmal sagt die Polizistin zu mir: »Okay, dann ist er ja weg!« Aufbrausend sagte ich: »Ja, aber sie müssen ihn suchen!« Sie antwortete: »Es tut mir leid, aber wir haben aktuell kein Fahrzeug zur Verfügung!« Bitte was? Ein Einbrecher stand gerade noch vor mir und die Polizei sagt, sie könne nicht kommen, weil sie gerade kein Auto hat? Wo leben wir denn hier eigentlich? Ich legte auf. Ich habe wieder geweint. So ein riesiger Schock für mich. Ich habe am ganzen Körper Schüttelfrost gehabt. Ich machte alle Rollläden an allen Fenstern runter. Ich hatte einfach große Angst.

Am nächsten Tag konnte man deutlich die Spuren erkennen. Auf dem Plexiglas vom Vordach sah man die Schuhabdrücke. Aber wozu sollte ich jetzt noch die Polizei rufen? Die haben ja sicher eh kein Auto. Lächerlich alles! Ohne Worte! Direkt danach ließ ich von Securitas Direct eine Alarmanlage einbauen. Da ich aber innerlich über Monate vor lauter Angst nicht zur Ruhe kam, beschloss ich auszuziehen. Da mir die Lage aber dort direkt am Strand an der Playa de Palma so gut gefallen hat, habe ich den Standort an sich nicht gewechselt, sondern bin einfach nur in eine Wohnung auf der fünften Etage gezogen. Dort habe ich ein Vorkaufsrecht, da der Verkäufer aus steuerlichen

Gründen aktuell noch nicht verkaufen kann. Alles mit der besten Alarmanlage abgesichert. Und bis auf die fünfte Etage wird ja wohl kein Einbrecher klettern.

Mittlerweile bin ich auch vorsichtiger geworden. Social Media aus meinem »Remus Beach House« gibt es gar nicht. Und grundsätzlich lade ich Stories und Postings oftmals erst zeitversetzt hoch, damit keiner genau weiß, wann ich gerade wo bin. Der Einbruch war ein so negatives Ereignis für mich, dass das noch lange Zeit so richtig in meinen Knochen zu spüren war. So etwas wünsche ich wirklich keinem. Im Übrigen hat mein Hund Buddy leider nicht gebellt oder reagiert, als der Einbrecher sich ans Werk machte. Toller Wachhund. Er schlief tief und fest, während ich mir vor Angst die Lunge aus dem Hals schrie. Zu alledem bin ich ja seit Jahrzehnten ein riesengroßer Fan von *Aktenzeichen XY*, aber wenn man dann selbst einmal in so eine brenzlige Situation gerät, ist das extrem unschön.

Achte auf dich, die Welt wird immer gefährlicher.

# 21. LEGE DEIN GELD SCHLAU AN

Hier geht es um meine drei Schmuckstücke, meine »Villa Remus«, die »Remus Vital Finca« und die »Remus Residence«. 2019 habe ich meine »Villa Remus« in Son Vida gekauft. Das Konzept war klar: renovieren und vermieten. Genauso mit der »Remus Vital Finca«, die ich 2022 gekauft habe. Ich selbst wohne immer noch auf 69 Quadratmetern am Ballermann, obwohl ich zahlreiche Luxusimmobilien besitze. In einigen Kapiteln dieses Buches und nach einigen Erlebnissen oder Erfahrungen frage ich mich oft selbst: Was macht mich glücklich? Ich reflektiere extrem oft. Bin ich auf dem richtigen Weg? Gefällt mir das alles, was ich mache? Oder sollte ich etwas an meinem Leben ändern? Ich bin der Regisseur meines eigenen Filmes, meines eigenen Lebenswerkes. Kein anderer! Das musst auch du dir immer vor Augen halten. Das ist so wichtig im Leben!

Vor ein paar Wochen habe ich das dritte Haus in Son Vida gekauft. Eigentlich war es gar nicht geplant. Auch dazu gibt es eine für mich sehr emotionale Geschichte, die ich gerne mit dir teilen möchte. Vor knapp fünfzehn Jahren, als ich mich gerade selbstständig gemacht hatte, rief mich eine englische Hauseigentümerin aus Son Vida an. Sie wolle mich treffen, sagte sie, da sie mit dem Gedanken spiele, ihre Villa zu verkaufen. Ein paar Tage später traf ich sie vor Ort und sie zeigte mir das Anwesen. Ich war von der ersten Sekunde an begeistert. Wow, so ein großes, herrschaftliches Haus. Eine richtige Prachtvilla mit Säulen, großer Zufahrt in die Tiefgarage. Ein edler Metallzaun mit Goldspitzen rundete das Bild optisch ab. Etwas kitschig, aber geil. 3000 Quadratmeter flaches Grundstück, totale Privatsphäre, perfekte Sonnenausrichtung, ein nierenförmiger, großer Pool mit integriertem Jacuzzi, Barbecue-Ecke und über 1000 Quadratmeter Wohnfläche. Ich kam aus dem Staunen nicht mehr heraus. Wie bei Dallas.

Wir sprachen über die Konditionen und Marketingstrategien. Ich traf auch kurz auf ihre Tochter, die damals vierzehn Jahre alt war. Nach ungefähr einer Stunde verabschiedete ich mich und wir verblieben damit, dass sie alle Details mit ihrem Ehemann, der zu der Zeit beruflich in London war, bespricht und auf mich zukommt, sobald sie verkaufen möchten.

Sie haben sich ein paar Tage später gemeldet und mir mitgeteilt, dass sie das Haus doch noch nicht verkaufen möchten, die Tochter würde die Schule auf Mallorca erst fertig machen und sobald sie dann zum Studieren an die Universität geht, würden sie mich sofort als Makler engagieren. Immer wieder klingelte ich über die Jahre hinweg bei Ihnen, gab ihnen als Geschenk meine Remus-Strandtasche mit Sonnencreme für den Sommer oder brachte an Weihnachten einen Weihnachtsstern als Aufmerksamkeit vorbei. Kundenpflege und Kundenkontakt, mit der Hoffnung, irgendwann einmal dieses Haus in den Verkauf zu bekommen.

Vor zwei Jahren hatte ich die Eigentümerin zusammen mit einer ihrer Freundinnen auch zu meiner Remus Lifestyle Night eingeladen. Mittlerweile war sie von ihrem Ehemann getrennt. Er lebte in Bangkok, sie im Haus auf

Mallorca und die Tochter, die mittlerweile das Studium abgeschlossen hatte, in London.

Vor einigen Wochen rief mich die Tochter an. Sie weinte am Telefon und erklärte mir, dass ihre Mutter vor Kurzem an ihrem Krebsleiden verstorben war. Sie teilte mir mit, dass ihre Mutter ihr kurz vor ihrem Tod sagte, dass ich das Haus kaufen solle. Ich? Sie meinte wohl, dass ich das Haus als Makler verkaufen sollte. Nein, sagte sie. Ihre Mutter wollte unbedingt, dass ich das Haus selbst kaufe. Ich war verdutzt. Ich hatte ja gerade erst meine »Remus Vital Finca« gekauft und vor ein paar Wochen mit viel Tamtam und Starmodel Elle Macpherson eingeweiht. Das Gespräch ging mir dennoch nicht aus dem Kopf. Ich rief meine Mutter an. Noch ein Haus? Ich hatte zehn Tage zuvor zwei Grundstücke in Son Vida gekauft. Dort werde ich zwei Häuser bauen. Der Bauantrag ist bereits bei den Behörden eingereicht. Finanziell gesehen wäre es kein Problem, noch ein Haus zu kaufen. Die Tochter schrieb mir fast jeden Tag. Schließlich waren wir uns im Preis einig und ich sagte den Kauf zu.

Innerhalb von wenigen Tagen war der Optionsvertrag unterzeichnet und ich überwies die Anzahlung auf das Notarkonto. Vier Wochen später war das Haus meins. Unglaublich. Ich hatte das Haus gekauft, in dem ich vor Jahren, als kleiner, unerfahrener und unbekannter Makler stand, damals mit offenem Mund. Ich weiß es noch ganz genau. Der Notartermin war sehr aufregend und emotional. Die Tochter weinte, weil sie so gerührt war. Sie war so glücklich, dass der Wunsch ihrer Mutter erfüllt wurde. Ich hatte ihr Haus gekauft. Derzeit plane ich den Umbau, danach soll auch dieses Anwesen vermietet werden. Ich freue mich sehr. Es ist eine ganz besondere Geschichte für mich, und mein Geld ist definitiv gut angelegt. »Remus Residence« in Son Vida – die Instagram-Seite hat sogar schon über 3000 Follower und das Logo für das neue Haus wurde auch über Social Media von meinen Followern abgestimmt. Ein spannendes, neues Projekt.

# 22. ERSTELLE EINE »KACK-JOBS-LISTE« – MOTIVATION AUF DIE SCHNELLE

Ich liebe meine »Kack-Jobs-Liste«! Das ist für mich die größte Motivation, wenn ich da draufsehe! Und jetzt fragst du dich sicher, was das ist. Vor Jahren habe ich angefangen, immer wieder Tätigkeiten aufzuschreiben, die andere Menschen ausführen und die mich persönlich richtig beeindrucken. Arbeiten und Jobs, die mich deshalb so sehr »beeindrucken«, weil ich sie nicht für alles Geld der Welt machen würde. Das klingt jetzt vielleicht komisch, aber jeder von uns hat sicherlich schon Dinge getan und Arbeiten ausgeführt, die einem überhaupt nicht gefallen haben. Und jetzt stell dir vor, du hättest keine andere Wahl, als genau diesen Job, der dir selbst überhaupt keinen Spaß macht, als Broterwerb auszuführen. Und das jeden Tag. Du hast vielleicht keine andere Wahl, weil das Hamsterrad sich weiterdreht und du im Moment eben keine Alternative hast. Oder das zumindest glaubst.

Auf meiner Liste steht zum Beispiel die Klofrau aus Darmstadt. In Darmstadt war ich vor ein paar Jahren einmal als Sprecher auf einem Immobilienkongress gebucht. Auf dem Weg dorthin musste ich zum Tanken an der Raststätte anhalten und bin dann auch direkt auf die Toilette gegangen. Das Toilettenhäuschen hatte diesen typischen und unausstehlichen Geruch aus Urin und Putzmitteln in der Luft, die Art von Arbeitsumgebung, die man eigentlich niemandem wünscht.

Kein Mensch schenkte dieser Dame Beachtung. Keiner sah sie an. Keiner sagte ihr Hallo. Sie sortierte ihre Putzmittel und reinigte die Waschbecken in der gegenüberliegenden Damentoilette. Und das bei dieser ständigen Geruchsbelastung. Sie kam wieder raus aus der Damentoilette und setze sich kurz auf einen weißen Plastikstuhl. Nachdem ich schnell mein Geschäft verrichtet hatte, ging ich zu der Reinigungskraft, sprach sie an und gab ihr 20 Euro. Sie schaute rauf zu mir, guckte mir in die Augen und strahlte. Eine tolle Frau, die einem Job nachgeht, dem weitaus mehr Respekt gezollt werden sollte. Ich habe sie auf meine Liste gesetzt und das soll keineswegs respektlos klingen, weil mich solche Menschen motivieren. Denn wenn ich mir meine »Liste« ansehe, weiß ich ganz schnell wieder, wie gut es mir geht. Wenn ich in meinem Job mit den alltäglichen Problemchen zu kämpfen habe, sind diese direkt wie weggeblassen.

Als ich in Marrakesch war, hatte ich auch ein Erlebnis, das sich mir sehr stark einprägte. An einem der Tage dort vor Ort machte ich gegen Mittag einen Abstecher ins angenehm klimatisierte Fitnessstudio des »Mandarin Oriental«. Von meinem Hotelzimmer wurde ich mit einem Golf-Buggy ins Gebäude gefahren, wo das Gym war. Auf dem Weg sind wir an einer kleinen Baustelle vorbeigefahren. Dort arbeiteten etwa zehn Menschen inmitten der Hitze und teerten einen Zuweg. Ohne Schutzmaske, ohne Sonnenschutz, sicher auch ohne Sonnencreme. Das zu sehen, zeigte mir wieder, wie toll und schön mein täglicher Job ist. Vielleicht gab es kurz vor diesem Moment noch Dinge, über die ich mich aufgeregt oder geärgert hatte. Spätestens jetzt war alles halb so schlimm. Respekt diesen Menschen gegenüber, die Tag für Tag in dieser Hitze die Straßen bauen. Und natürlich gibt es davon gerade auf Mallorca auch einige Beispiele. Und so führt sich meine Liste fort mit über 20 Erlebnissen oder Erfahrungen oder auch Beobachtungen. Situationen, die mir gezeigt haben, dass man dankbar sein sollte.

Den meisten von uns geht es gut und jedem von uns könnte es bei Weitem schlechter gehen. Es gibt immer zwei Seiten der Medaille. Ich kann dir nur empfehlen, eine eigene »Kack-Jobs-Liste« zu erstellen. Ich habe meine ganz einfach in meinem Handy unter »Notizen« gespeichert. Eine ganz einfache Art und Weise, sich jeden Tag aufs Neue selbst zu motivieren. Eben anders als alle anderen.

# 23. SEI MUTIG! DAS GRÖSSTE RISIKO IST, KEIN RISIKO EINZUGEHEN

Hätte ich mich inmitten der Weltwirtschaftskrise im Jahr 2009 nicht selbstständig gemacht, wäre ich jetzt nicht der erfolgreichste Immobilienmakler auf Mallorca.

Das größte Risiko ist, kein Risiko einzugehen. Diese Regel hört sich im ersten Moment sehr verwirrend an, macht aber besonders in der Geschäftswelt, im echten Business, durchaus Sinn. Du musst immer wieder gewisse Risiken in Kauf nehmen, um am Ende voranzukommen. Um an dein Ziel zu gelangen. Wer hätte damals gedacht, dass ich so erfolgreich werden würde? Ehrlich gesagt, hätte ich mir das selbst nie erträumt, aber ich habe trotzdem jeden Tag an mir gearbeitet, um besser zu werden. Ich habe mir neue Werbekampagnen ausgedacht, um mein Unternehmen, meine Firma und mich als Person weiter nach vorn zu bringen. Um bekannter zu werden. Das Risiko war extrem hoch, besonders zu Beginn meiner Karriere. Ich hatte mein Startkapital genau kalkuliert. Und es waren nur wenige Wochen, die ich hätte überleben können. Kein Deal bedeutet kein Geld, bedeutet kein Lebensunterhalt, bedeutet: Das war's!

Investoren in mein Unternehmen zu nehmen, war für mich ganz klar keine Option. Ich wollte immer mein eigener Chef sein und das sollte auch so bleiben. Ich will selbst

Entscheidungen treffen. Vielen erfolgreichen Menschen ist außerdem klar, dass Angst eines der größten Hindernisse für Erfolg ist. Jeder, der versteht, dass Risiko normal und in Ordnung ist, der kann auch Renditen erwirtschaften und erfolgreiche Projekte durchführen. Ein bekannter Spruch lautet daher auch: Sie müssen nur 51 Prozent aller Entscheidungen richtig treffen, um langfristig erfolgreich zu sein. Die restlichen 49 Prozent sind als Risiko oder Verlust völlig in Ordnung.

Von außen betrachtet fällt manchen Menschen alles zu. Ganz schnell heißt es dann, es liege nur an den Kontakten, die man hat, also Vitamin B, oder gar am »Glück«, dass diese Menschen ihre Ziele scheinbar ohne große Anstrengung erreicht haben. Dass der Erfolg aber oftmals hart erarbeitet ist und diese Leute dabei bestimmte Regeln des Erfolgs beachtet haben, ist oft schwer nachzuvollziehen. Am meisten ärgert mich in der heutigen Zeit, dass vielen eingebläut wird, dass man auch ohne extremen Einsatz sehr schnell sehr viel erreichen kann. Unzählige Bestseller und Websites zeigen auf, wie es vermeintlich jeder schaffen kann – und zwar ohne große Mühe. Bei mir war es tatsächlich auch so, dass über Jahre hinweg viele Menschen dachten, dass ich mit dem goldenen Löffel geboren wurde. Ganz im Gegenteil. Natürlich hatte ich eine tolle Kindheit und mir fehlte es auch an nichts, aber dennoch musste ich mich ganz auf mich allein gestellt durchkämpfen. Wie schon gesagt, auf Mallorca hat damals sicher keiner auf mich gewartet.

Heute, nach all den Jahren der Erfahrung, bin ich natürlich entspannter. Es ist ein anderes Risiko, das man eingeht. Dinge, die man sich heutzutage traut, sind jetzt vielleicht nicht mehr so extrem riskant, wie vor zehn Jahren, als ich alles auf eine Karte gesetzt habe. Heutzutage ist alles ein bisschen kalkulierter. Wenn ich die letzten Jahre betrachte, war das größte Risiko, das ich eingegangen bin, die Tatsache, dass ich Millionen von Euros in meine Projekte »Villa Remus« und »Remus Vital Finca« investiert habe, ohne wirklich zu wissen, ob mein Konzept, die Häuser auf Social Media zu vermarkten, aufgehen würde. Besonders in Zeiten von Corona und Ukraine-Krieg. Du musst dich trauen. Du musst über deinen Schatten springen und selbst wenn etwas einmal nicht klappt, dann geht das Leben weiter.

Rückblickend bin ich stolz auf mich, und das ist das beste Gefühl überhaupt. Wenn man die Jahre Revue passieren lässt und zurücksieht, was man erreicht und auf die Beine gestellt hat. Hätte ich mich nicht bewegt, wäre ich kein Risiko eingegangen, dann hätte ich all das niemals erreicht.

# 24. GEHE ARBEITEN, WENN ANDERE PARTY MACHEN

Früher, in der Schule, war ich immer eher der Außenseiter. Das lag allein schon daran, dass ich regelmäßig Nachhilfeunterricht in Mathe hatte und deshalb am Nachmittag, wenn andere Kinder sich zum Spielen verabredet hatten, zu Hause war und mit meinem Mathe-Nachhilfelehrer gepaukt habe, um überhaupt durchzublicken, was die da so tagtäglich von mir im Unterricht wollten. Der Mathe-Nachhilfelehrer hatte im Übrigen so krass Mundgeruch, dass nach den zwei Stunden der ganze Raum gestunken hat.

Puh, jetzt, wenn ich darüber nachdenke, war das richtig eklig. Aber ich muss ihn auch loben, denn durch die Nachhilfe hat er mich tatsächlich von einer Fünf auf eine Drei im Zeugnis gebracht. Wahnsinn! Und heute verkaufe ich die fettesten Luxusimmobilien auf Mallorca für Multimillionen. Da muss ich gerade selbst laut lachen. Das hätte damals wirklich niemand für möglich gehalten. Später, in meiner Teenagerzeit, so mit vierzehn oder fünfzehn Jahren, war ich extrem engagiert im Reitsport und bin freitags nach der Schule direkt auf Reitturniere in ganz Europa gefahren. Jedes Wochenende auf Tour. Teilweise mit Schulbeurlaubung am Freitag, da die Turniere schon donnerstags begonnen haben. Und da der Sport damals für mich persönlich sehr wichtig war und nach der Schule direkt auf Platz zwei meiner Prioritäten stand, konnte ich Einladungen von Klassenkameraden zu Geburtstagsfeiern oder Ausflügen so gut wie nie nachgehen. Die Konsequenz war, dass ich auch gar nicht mehr gefragt wurde, ob ich auch kommen wollte, weil jeder wusste, dass ich eh keine Zeit hätte. Und Jahre später, als alle wie wild feiern gingen und sich besoffen, war ich zu Hause und habe mit meinen selbst geschriebenen Vokabelkarten Spanisch gelernt.

Das klingt alles wie ein verstoßener Nerd, so ein richtiger Streber, aber mir war es damals schon wichtig, dass ich mich zumindest bemühe und anstrenge, um etwas aus meinem Leben zu machen. Alkohol habe ich eh nicht so gerne getrunken. Ich habe dann eben hin und wieder mit meinen Kollegen und Freunden, die ich vom Reitsport kannte, auf den Turnieren gefeiert. Mein Fokus lag schon immer darauf, etwas auf die Reihe zu kriegen. Und genauso mache ich das auch heute noch. Ich reflektiere und hinterfrage oftmals. Was bringt mich weiter? Was möchte ich? Und ehrlich gesagt, auch wenn ich erst 36 Jahre alt und total fit bin, ich packe das Feiern bis in die Morgenstunden gar nicht mehr. Wenn ich ausgehe und erst um vier oder fünf ins Bett gehe, brauche ich drei Tage, um mich wieder zu regenerieren.

Deshalb ganz klar definieren: Was bringt es mir und meinem Körper? Das hört sich jetzt vielleicht etwas oberschlau an, mit einem Hauch von Gesundheitsapostel. Aber mit dem Alter wird man ja auch etwas schlauer und weiser.

# 25. ZEIGE RESPEKT, VERLANGE ABER AUCH RESPEKT

Arbeite niemals mit jemandem zusammen, der dir oder deiner Leistung gegenüber keinen Respekt zollt. Davon kann ich leider auch wirklich ein Lied von singen. Ich habe mich mit gerade einmal 23 Jahren selbstständig gemacht und mich direkt von Tag eins an auf Luxusimmobilien spezialisiert. Das war hart! Über einige Hürden habe ich hier im Buch schon erzählt, aber es ist eben auch nicht ganz so einfach in jungen Jahren, jeden Tag mit Menschen zu tun zu haben, die extrem viel in ihrem Leben erreicht haben und die extrem vermögend sind. Und oftmals ja auch teilweise doppelt so alt sind wie ich. Selbstverständlich stehen die Leistung und das Engagement des Immobilienmaklers an erster Stelle. Ein Kunde, der Millionen investiert, hat höchste Ansprüche und Erwartungen. Das ist mir völlig klar, aber es gibt eben auch Kunden, die denken, man wäre ihr Adlatus. Ihr Angestellter.

Wie oft musste ich früher in Kundengesprächen wirklich über gewisse Aussagen hinwegsehen. Ich musste es schlucken. Dann, wenn Kunden respektlos argumentiert haben oder plötzlich die vereinbarte Provisionszahlung zu einem Riesenthema wurde. Dann, wenn die liebsten Kunden plötzlich und aus dem Nichts zu den größten Arschlöchern wurden, weil sie es scheinbar nicht ertragen konnten, dass ich als Makler mehrere Hunderttausend Euro Vermittlungscourtage für den Verkauf ihrer Villa bekommen hatte. Und das in meinen jungen Jahren. Das ist leider eine Erfahrung, die ich bis heute noch echt immer sehr enttäuschend finde. Die größten Geschäftsleute, denen man immer mit dem größten Respekt begegnet ist, entpuppen sich dann als die unglaublichsten Unmenschen. Natürlich nicht alle, aber der ein oder andere Kandidat ist da schon dabei, bei dem man nur mit dem Kopf schütteln kann.

Vor nicht allzu langer Zeit hatte ich wieder einmal so ein Erlebnis. Ich hatte mir eine Luxusvilla in Son Vida angesehen, die zum Verkauf stand, mit einem Kaufpreis von fast sechs Millionen Euro. Der Verkäufer war ein erfolgreicher Geschäftsmann aus Deutschland. Zum allerersten Termin, um mir mit meiner Mutter zusammen die Villa anzusehen, begrüßte er uns kurz und sagte dann, er habe zu tun. Wir sollten uns doch bitte einfach alleine das gesamte Haus ansehen. Okay, gesagt, getan. Sehr ungewöhnlich, aber nach all den Jahren in diesem Job überrascht mich kaum noch etwas. Also gingen meine Mutter und ich allein durch die 800-Quadratmeter-Villa.

Als wir fertig waren, ging ich zum Verkäufer, der auf seiner Terrasse stand, und wollte kurz noch ein paar Details besprechen. Sofort fuhr er mir über den Mund und sagte, dass ich alles mit seiner Sekretärin besprechen solle. Okay, wird gemacht. Eine Frage stellte ich jedoch noch kurz vor der Verabschiedung. Denn aus Erfahrung weiß ich mittlerweile, dass 99 Prozent der Sekretärinnen, Verwalter oder sonstige Ansprechpartner von Hausverkäufern die Antwort nicht zu 100 Prozent kennen. Hier meine Frage: Ist in dieser Immobilie alles rechtlich in Ordnung, alle Quadratmeter eingetragen, und ist die Wärmepumpe, die den Pool beheizt, auch im Grundbuch eingetragen? Und jetzt kommt die unverschämte Antwort des Verkäufers: »Lieber Remus«, – das Wort Herr hatte er entweder vergessen oder er wollte mich ärgern oder er wusste nicht einmal, dass ich Marcel mit Vornamen heiße und nicht Remus. »Lieber Remus, ich kann diese unqualifizierten Maklerfragen nicht mehr ertragen.« Okay, danke für alles und Adiòs. Meine Mutter und ich verabschiedeten uns. Wieder einmal habe ich mir einfach nur meinen Teil gedacht und bin gegangen.

Jetzt kommt aber der Oberhammer. So lächerlich alles. Nach ein paar Wochen hatte ich genau für dieses Haus einen Käufer, und als die Anwälte die Kaufurkunde vorbereiten wollten und alle rechtlichen Dinge zur Immobilie überprüften, stellte sich Folgendes heraus: Die Wärmepumpe, die den Pool außen beheizt, war natürlich nicht legal. Und es kam noch viel schlimmer. In den Grundrissen, die auch dem Rathaus vorliegen und so auch eingetragen sind, gibt es im Wohn- und Eingangsbereich eigentlich laut Plan einen offenen Patio, also einen Innenhof. Fakt ist aber, dass dort nie dieser Patio gemäß Plan und Baugenehmigung errichtet wurde. Heißt im Klartext, das Haus wurde so nicht abgenommen und die zusätzlichen Quadratmeter sind gar nicht eingetragen und das Ganze entsprach somit nicht den Rechtsvorschriften.

Nachdem der Anwalt meines Käufers der ganzen Sache auf den Grund gegangen war, stellte sich auch noch heraus, dass der Verkäufer das Haus damals zwar errichten und bauen ließ, aber die Neubauerklärung nie gemacht wurde. Das bedeutet: Im Rathaus gibt es offiziell nur das Grundstück, aber kein Haus. Mir blieb die Spucke weg.

Dieser ganze Verhandlungs- und Verkaufsprozess zog sich über Monate hin. Genau in der Zeit kam es zu einem extremem Zinsanstieg und die Welt spielte verrückt, wie wir alle wissen. Einige Kunden bekamen in der Zeit plötzlich keine Kredite mehr von ihren Banken oder waren grundsätzlich unsicher geworden. Aber mein Kunde wollte immer noch das Haus kaufen. Nachdem dann alles perfekt war und wir nach neun Monaten Wartezeit endlich zum Notar hätten gehen können, rief ich den Verkäufer an und sagte, dass mein Käufer die Zusage für den Kredit von seiner Bank erhalten habe, jetzt müsse die Bank noch einen Gutachter schicken, der die Immobilie für den Kredit einwertet, das dauere etwa zwei Wochen und dann könnten wir den Deal beim Notar abschließen.

Jetzt kommt die Pointe: Ein paar Tage später ließ der Verkäufer über seinen Anwalt mitteilen, dass er das Haus nicht an jemanden verkaufen würde, der einen Kredit aufnimmt. Und er würde auch keinen Gutachter reinlassen und somit möchte er das Haus jetzt nicht mehr verkaufen. Wahnsinn. Nach neun Monaten Hin und Her, nach all dem Theater, nach all der Respektlosigkeit. Nach all dem Aufwand, den Anwälte, Banken und ich als Makler hatten. Unfassbar. Aber egal, der Deal war nach neun Monaten Arbeit abgeblassen und mir sind dadurch natürlich auch 300 000 Euro durch die Lappen gegangen.

Und warum teile ich diese Erfahrung jetzt hier mit dir? Hätte er mir nicht direkt bei unserem ersten Termin sagen können, dass es ein paar Punkte am Haus gibt, die geklärt werden müssen? In Sachen Legalität und Eintragung?

Aber eins habe ich besonders gelernt in all den Jahren an Erfahrung: Wer nicht will, der hat schon. Wer mit mir arbeiten möchte, sollte den nötigen Anstand und Respekt mir gegenüber mitbringen. Ansonsten gibt es ja noch 1499 andere Makler auf Mallorca, die sich so was vielleicht eher gefallen lassen.

Die Goldene Regel der praktischen Ethik: Behandle andere so, wie du selbst auch gerne behandelt werden möchtest.

# 26. GIB GELD NUR AUS, WENN DU ES TATSÄCHLICH HAST

Ehrlich gesagt ist es ja nichts Neues und wir kriegen es alle seit unserer Kindheit eingetrichtert: Gib nur so viel Geld aus, wie du auch wirklich hast. Dennoch habe ich in der Vergangenheit immer Situationen bei anderen Menschen erlebt oder mitbekommen, die leider genau das Gegenteil gemacht haben. Leben auf viel zu großem Fuße oder Geld ausgegeben, mit dem sie eigentlich erst in der Zukunft gerechnet haben, das dann aber nie den Weg zu ihnen gemacht hat. Ich glaube das kennt auch jeder von uns. Man kauft sich etwas, man gönnt sich etwas Schönes, und auch wenn es vielleicht in dem Moment eigentlich gerade finanziell nicht drin ist, kauft man es trotzdem. Man kalkuliert eben und rechnet damit, dass der nächste Monat vielleicht besser läuft. Oder eben nicht. Auch wurscht, denkt man.

Ich kann mich sehr gut daran zurückerinnern, als ich im ersten Jahr meiner Selbstständigkeit mit meiner Kreditkarte immer alles auf Pump gekauft habe. Ich hatte damals zwar hochgerechnet, wie lange ich mir das alles noch ohne einen Deal, also ohne ein Haus zu verkaufen, leisten könnte, aber dennoch war es riskant und leichtsinnig. Neue Computer für das Büro, Blumen, Dekoration, Papier für den Drucker, Tankfüllungen, neue Visitenkarten. Alles habe ich über meine Karte bezahlt und ich werde nie vergessen, dass es in einem Monat echt brenzlig war. Ich hatte zwar eine Provision für einen Hausverkauf in Aussicht, aber leider zog sich der Kaufabschluss des Kunden unendlich in die Länge. Da habe ich damals wirklich gemerkt, wie hart es ist, wenn die Bank dich jeden Tag anruft und nachfragt, wann denn wieder Geld auf das Konto einbezahlt wird, da es bereits im Minus stand. Mit mehreren Tausend Euro im Minus. Und jeden Tag musste ich mir eine neue Geschichte, eine neue Ausrede einfallen lassen. Es ging so weit, dass ich mir schon überlegte, welches Hab und Gut ich schnell auf Ebay verkaufen könnte, um an Cash zu kommen. Eine wirklich harte Zeit, die extrem nervenaufreibend war.

Meiner Assistentin konnte ich damals den Monatslohn auch nicht pünktlich zum Ersten des Monats zahlen, sondern erst zwölf Tage später. Ich war fast pleite. Ja tatsächlich. Die ersten Monate meiner Selbstständigkeit waren extrem hart und ich konnte ja in meiner Familie keinen fragen. Keiner in meiner Familie ist finanziell so gut aufgestellt, dass er mir hätte helfen können. Keiner. Schlaflose Nächte. Schweißattacken. Unruhe. Meiner Assistentin hatte ich damals gesagt, dass es ein Fehler der Bank gewesen sei. Eine Notlüge, die mir damals so unglaublich peinlich war. Außerdem wurde ja zum Monatsende auch mein Konto mit den Kreditkartenzahlungen belastet. Auch das konnte nicht abgebucht werden.

Ein paar Tage später hatte ich dann meinen ersten Notartermin zum Verkauf einer Megavilla und ganz schnell hatte ich auf einmal 200 000 Euro auf meinem Konto. Alles wieder im Plus. Alles wieder gut. Noch ein paar Wochen länger und das wär's gewesen mit Marcel Remus Real Estate.

Ein Jahr später war ich mit 24 Jahren Millionär. So schnell kann es gehen, wenn man wirklich um sein Leben rennt und rund um die Uhr ackert wie ein Tier. Vollgas und Attacke. Mein Slogan kommt ja nicht von irgendwoher. Nach all diesen Erfahrungen rund um das Thema Geld, Geld haben, Geld verdienen, Geld halten und Geld investieren, weiß ich sehr gut, wie man mit Geld umgeht und was man nicht tun sollte. Ich halte mein Geld zusammen. Oder ich investiere eben selbst in Immobilien. Es gibt nur diese zwei Dinge. Mich fragen auf Social Media fast jeden Tag Menschen, wie ich mein Geld anlege. Von Krypto oder Aktien halte ich nichts, weil ich mich damit schlichtweg zu wenig auskenne. Ich habe davon einfach keine Ahnung. Ich investiere auch nur in Immobilien auf Mallorca, weil ich dort genau weiß, was ein guter Deal ist und was nicht. Außerdem ist es für mich viel einfacher zu kontrollieren. Wenn ich eine Immobilie im Umkreis von dreißig Minuten kaufe, ist sie viel einfacher zu betreuen und zu verwalten.

Vom Geld ausgeben ist noch keiner reich geworden. Ich halte den Ball flach und ich weiß, woher ich komme. Ich erinnere mich immer wieder an die Zeit zurück, in der ich als Jungspund Reitunterricht für 10 Euro pro Stunde gegeben habe. Da musste ich viel arbeiten, um versteuert 100 Euro auf dem Tisch zu haben. Apropos Steuern. Das ist auch ein beliebtes Thema, das scheinbar viele Menschen vergessen. Denk daran, wenn du Geld verdienst, lege immer einen Teil zurück. Am besten auf ein separates Konto. Und kalkuliere deine Steuern laufend, damit du dann, wenn es an die Steuererklärungen geht oder die Bescheide kommen, keine unangenehme Überraschung erlebst. Egal ob Gewerbesteuer, Vermögenssteuer, Körperschaftssteuer, Umsatzsteuer, Einkommenssteuer. So viele Menschen geben ruck, zuck das gesamte Geld aus, das auf dem Konto ist, und vergessen, dass der Fiskus oft schneller anklopft, als sie gucken können. Das lege ich dir wirklich sehr ans Herz. Berücksichtige deine Steuern!

Und hier kommt die verrückteste Geschichte, die ich je mit einem Kunden erlebt habe, wenn es um das Thema Geld geht, und darum, wie viel man ausgeben sollte. Vor gut zwei Jahren erhielt ich eine Kundenanfrage für eine Neubau-Traumvilla in Son Vida, beste Lage, beste Straße, unfassbarer Meerblick, für 8,5 Millionen Euro. Der Sohn des Interessenten hatte damals mein Video mit der gesamten Haus-Tour auf YouTube gesehen und uns daraufhin kontaktiert. Innerhalb von wenigen Tagen kam die gesamte Familie nach Mallorca eingeflogen, um sich das Haus anzusehen. Vorab hatte der Kunde mir beziehungsweise für den Verkäufer einen Kapitalnachweis seiner Bank zugeschickt. Sie quartierten sich im teuersten Hotel ein, im Castillo Son Vida, und blieben ein Wochenende auf Mallorca, also tatsächlich nur für das Thema Hauskauf.

Die Familie war von dem Anwesen total begeistert. Alles lief nach Plan. So wie man es sich als Makler eben ausmalt. Es waren keine zehn Tage vergangen, da hatte ich das offizielle, schriftliche Kaufangebot für diese Villa von diesem Kunden auf meinem Tisch liegen. Der Verkäufer war hocherfreut. Mit Vollgas und Attacke erstellten die Anwälte den Optionsvertrag zur Reservierung der Villa inklusive einer Anzahlung von zehn Prozent auf das Notarkonto, so wie auf Mallorca üblich. Alles schien perfekt. Der Käufer kam nochmals auf die Insel, um mit seinem Team, konkret ein Interieur-Designer, ein Gärtner, Hausangestellte und ein Gutachter, alles noch mal im Detail zu checken und bestellte auch schon Möbel für innen und außen im Wert von über 200 000 Euro. Die Firma, von der ich damals die Sonnenschirme für meine Villa Remus bekommen hatte, habe ich ihm auch vermittelt. Auch dort hatte er direkt die größten Schirme für die Terrasse bestellt. Alles wurde geliefert und auch die Möbel wurden nach ein paar Wochen bereits ins Haus gestellt. Geplant war der Notartermin ein paar Wochen später. Da es sich um einen Neubau handelte, fehlten noch ein paar Unterlagen vom Rathaus, um den Deal komplett abzuschließen. Nichts Wildes, aber es dauerte eben noch ein paar Wochen. Der Käufer einigte sich mit dem Verkäufer darauf, dass er bereits in die Immobilie einziehen konnte. Er zahlte erneut 300 000 Euro zu den bereits bezahlten zehn Prozent. Insgesamt hatte der Verkäufer über eine Million Euro erhalten. Der Termin für den Kauf bei dem Notar in Palma stand nun endlich fest. Der Käufer hatte den gesamten Sommer mit seiner Familie und zahlreichen Freunden verbracht. Wie gesagt: Alles schien perfekt. Fast schon zu perfekt.

Dann kam der Tag, an dem der Notartermin stattfinden sollte. Wenige Tage zuvor brach Stress aus. Die Restkaufsumme würde in der Schweiz festhängen. Die Banken bräuchten zu lange, um das Geld zu überweisen. Der Termin schien zu platzen, die positive Stimmung kippte. Alle waren aufgescheucht. Zu Recht. Der Verkäufer war nervös, die Anwälte versuchten zu schlichten und ich konnte den Käufer seit Tagen nicht telefonisch erreichen. Er schrieb immer nur per WhatsApp: Marcel, alles wird gut. Bitte sag meiner Familie nichts davon.

Ich kürze die Geschichte jetzt hier ab. Der Käufer hielt uns alle noch weitere drei Monate hin. Bis dem Verkäufer der Kragen geplatzt ist. Gemäß Optionsvertrag steht dem Verkäufer die gesamte Anzahlung als Entschädigung zu, wenn der Käufer nicht zum fristgerechten Kaufabschluss kommt. Somit hatte der Verkäufer zwar Zeit verloren, aber immerhin 1,2 Millionen Euro verdient. Wahnsinn. So etwas ist mir in 15 Jahren Maklerdasein noch nie passiert. Keiner meiner Käufer hatte je den Optionsvertrag nicht erfüllt. Jeder Verkauf hatte immer funktioniert.

Es stellte sich heraus, dass sich der Käufer während der Corona-Pandemie mit windigen Investments in Masken und Desinfektionsmitteln extrem verkalkuliert hatte. Er hatte die finanziellen Mittel nicht mehr, um das Haus zu bezahlen. Krasse Geschichte. Da ein Immobilienmakler seinen Job erst dann abgeschlossen hat, wenn der Verkauf beim Notar abgeschlossen ist, bekam ich von der Anzahlung nicht einen Cent. Gar nichts. Nach langem Hin und Her und einigen Diskussionen mit dem Verkäufer hat er mir dann 50 000 Euro überwiesen. Immerhin. Das Haus konnte ich zum Glück wenige Wochen später dann an einen meiner Käufer verkaufen, der auch die gesamte Kaufsumme aufbringen konnte. Unfassbar alles. Man sollte eben auch nur mit dem Geld planen, das man auch zur Verfügung hat. Erst recht für eine Ferienimmobilie auf Mallorca. Sich so etwas zu leisten, ist ja tatsächlich Luxus pur.

Vor ein paar Wochen habe ich von einem anderen Verkäufer gehört, dass derselbe Käufer genau dasselbe Prozedere in diesem Sommer abgezogen hat. Mit einem Haus, schon wieder in Son Vida, zum Preis von sage und schreibe

16,9 Millionen Euro. Also sogar mehr als doppelt so viel wie das Haus, das er damals bei mir kaufen wollte. Er hatte wieder eine Million anbezahlt. Und er hat diese Zahlung tatsächlich wieder verloren, weil er den Kauf nicht abschließen konnte. Immerhin hatte er auch diesen Verkäufer so um den Finger gewickelt, dass er wieder Möbel in das Haus stellte und mit seiner Familie und vielen Freunden den gesamten Sommer dort verbrachte. Ein teurer Sommer. Immerhin hat er die Sonnenschirme bezahlt, bei der Firma, die ich ihm vermittelt hatte.

# 27. SPENDEN UND CHARITY – NUR WER TEILEN KANN, WIRD GRÖSSER

Man sollte nie vergessen, wo man herkommt. Und das Thema Dankbarkeit steht bei mir an erster Stelle. In jungen Jahren, mit 24 oder 25 Jahren, habe ich bereits angefangen, mich für Menschen einzusetzen, denen es nicht so gut geht. Die eben nicht auf der Sonnenseite des Lebens stehen. Ich habe regelmäßig Geld gespendet für Stiftungen wie beispielweise die Elton John Aids Foundation. Sir Elton John kenne ich mittlerweile seit fast 15 Jahren und es ist großartig, was er zusammen mit seinem Ehemann David Furnish und dem Team der Elton John Aids Foundation auf die Beine gestellt hat.

Bei dem bekannten Spendenmarathon *Wir helfen Kindern* vom Fernsehsender RTL sitze ich regelmäßig im Studio und nehme am Telefon Spenden entgegen. Vor ein paar Jahren war ich beim Spendenmarathon-Moderator Wolfram Kons selbst zu Gast und habe 10 000 Euro gespendet, wovon in Afrika eine Schule mit Schulbüchern ausgestattet wurde. Und als es zur tragischen Flutkatastrophe im Ahrtal Mitte Juli 2021 kam, habe ich mit kurzfristig dazu entschieden, meine Remus Lifestyle Night ein paar Wochen später in eine Remus Charity Night umzuwandeln, um an diesem Abend mithilfe meiner Gäste Spenden für die Opfer der Überschwemmungen zu sammeln. Innerhalb von nur vier Stunden sind unglaubliche 64 000 Euro durch Losverkäufe an diesem Abend zusammengekommen. Die Spendensumme wurde aufgeteilt und ging mit je 32 000 Euro an die Tribute to Bambi Stiftung, die Hilfsprojekte für Kinder und Jugendliche in Not fördert, sowie an den Verein »RTL – Wir helfen Kindern«. Vor Ort nahmen Patricia Riekel sowie Moderatorin Frauke Ludowig die Schecks entgegen. Ich bin sehr dankbar, dass meine Kunden innerhalb von ein paar Stunden so großzügig waren und viele Lose gekauft haben.

Es ist wichtig, auch über den Tellerrand hinaus zu blicken, links und rechts aufmerksam zu sein und sich einzusetzen für die Menschen, denen es nicht gut geht. Es läuft im Leben eben nicht immer alles nach Plan, und man kann selbst schneller in eine unschöne Situation geraten, als einem lieb ist. Natürlich gibt es auch hin und wieder Kommentare von Menschen aus meinem Umfeld, die damals, als ich mit Mitte zwanzig schon mehrere Zehntausend Euro für unterschiedliche Einrichtungen gespendet hatte, gesagt haben, dass ich mir von dem Geld doch besser noch einen coolen Sportwagen oder die neuesten Computerspiele hätte kaufen sollen. Aber genau das wäre falsch.

Ich habe dazu einfach eine andere Meinung und eine andere Einstellung. Ich habe bereits ein tolles Auto und damit bin ich glücklich. Ein weiteres Auto würde mein Leben zumindest im Moment nicht wirklich bereichern. Und in meinem ganzen Leben habe ich noch nie ein Computerspiel gespielt. Das stimmt tatsächlich. Und auch das finde ich gut so. Ich arbeite jeden Tag so viel und reiße mir so sehr den Hintern auf, damit alles läuft. Mich macht es eben glücklich, wenn ich andere unterstützen kann.

Die Zeit der Corona-Pandemie war auf Mallorca besonders kritisch. Viele Menschen verloren ihre Jobs, sehr viele verloren sogar ihre Wohnungen, weil sie ihre Miete nicht mehr bezahlen konnten. Mallorca lebt vom Tourismus und Touristen kamen ganze zwei Jahre nicht auf die Insel. Schnell war mir klar, dass ich auch hier helfen musste. Ich habe der Tafel von Mallorca, der Essensausgabe, regelmäßig jede Woche Lebensmittel gebracht und diese vor Ort mit ausgeteilt. Die Schlangen an Menschen werde ich nie vergessen. Menschen wie du und ich, die sich einreihen mussten, um sich eine warme Mahlzeit zu holen. Menschen, die kein Geld mehr hatten, um für ihre Babys Feuchttücher oder frische Windeln zu kaufen. Das ging mir alles sehr nahe. So schnell kann man in so eine tragische Situation geraten, aus der man selbst so leicht gar nicht mehr rauskommt.

Die Menschen hatten oftmals bei der Ausgabe die Köpfe gesenkt, sie schauten mich nicht an, weil sie sich so sehr geschämt haben. Scham, weil sie abhängig von der Essensausgabe waren. Einige hatten Tränen in den Augen und waren so unendlich dankbar. Ich werde nie die Situation vergessen, wie eine ältere Dame mich umarmen wollte, sie griff meine Hand, sie zog mich zu sich und schloss mich für ein paar Sekunden in ihre Arme. Auf der Stelle eilte die Vorsitzende der Tafel herbei. Sie hatte uns gesehen und wollte uns schnell wieder auseinanderbringen. Zu streng waren damals die Abstandsregeln und Vorgaben. Körperkontakt unter gar keinen Umständen. Was für eine verrückte Welt.

Es fühlt sich heute so unwirklich an, darüber zu sprechen. Ein großes Problem war anlässlich der Ausgangssperren und Reiseverbote auch die Tatsache, dass streunende Hunde und Katzen auf der Insel nicht mehr vermittelt werden konnten. Somit waren Tierheime und Rettungsstationen komplett überfüllt. Tierfutter wurde knapp, auch die Hygienemaßnahmen konnten nicht mehr eingehalten werden.

Das Schlimme ist, dass auf Mallorca die Tiere, die nicht abgeholt und vermittelt werden, nach drei Wochen getötet werden. Sie werden eingeschläfert. Immer wieder habe ich Unmengen an Tierfutter vorbeigebracht. Ich werde auch nie vergessen, wie mich die Kassiererinnen im Supermarkt jedes Mal angestarrt haben, als ich all diese großen Säcke mit Hunde- und Katzenfutter auf das Kassenband gepackt habe. Auch wenn ich für die Tafel einkaufen war und auf einen Schlag beispielweise 50 Dosen Heringsfilet in Tomatensoße gekauft habe oder 200 Packungen Babywindeln. Die werden sich sicher gedacht haben, wie viele Kinder der Junge denn bloß hat. Und ob die Babys nur eingelegte Heringsfilets zu essen bekommen. Es war eine schlimme Zeit. Für uns alle. Auf der ganzen Welt. Aber wenn man zusammenhält, wenn man zusammenrückt, wenn man sich einsetzt für andere, die es bitter nötig haben, wird die Welt sicher ein kleines bisschen besser. Zumindest sehe ich das so. Und wenn viele andere Menschen das auch so sehen würden und die 70 Euro für ein Computerspiel lieber spenden würden, wäre das für viele Menschen auf der Welt sehr hilfreich. Sich für andere einsetzen, sich für andere engagieren, muss auch nicht immer Geld kosten. Oftmals kann man schon eine wertvolle Unterstützung sein, indem man einfach mithilft, da ist und anpackt.

# 28. SEI KRITIKFÄHIG

Es gibt Menschen, die wissen immer alles besser. Denen darf man seine eigene Meinung am besten gar nicht offen kundtun. Wenn man eine andere Meinung hat, reden sie dagegen. Und wenn man diese Menschen gar kritisiert, ist es ganz vorbei. Viele Menschen reagieren extrem impulsiv. Wir lernen alle aus unseren Niederlagen und Misserfolgen mehr als aus unseren Erfolgen. Das heißt auch, dass wir unsere Fehler und Misserfolge besser einordnen müssen, um daraus unsere Lehren zu ziehen. Fakt ist leider auch, dass wir die Fehler anderer Menschen in unserem Umfeld leichter erkennen, als sich die eigenen selbst einzugestehen. Wer es schafft, angemessene Kritik richtig aufzunehmen, sie zu verstehen, ohne eingeschnappt zu sein oder in der Ehre gekrängt, wird sich persönlich weiterentwickeln. Es geht ganz einfach darum, mit konstruktiver Kritik umgehen zu können. Und das muss man lernen. Merke: Wir reden von ehrlicher, konstruktiver Kritik, nicht von Beleidigungen, Verallgemeinerungen und Wichtigtuereien, die sich als Kritik tarnen. Ehrlich gemeinte Kritik erkennt man. Die andere »Kritik« auch!

Wir reagierst du, wenn andere dich oder deine Arbeit – zu Recht – kritisieren? Dazu gehört auch, anderen gegenüber richtig und angemessen Kritik zu äußern. Auch das muss gelernt sein. In den vergangenen fünfzehn Jahren musste ich auch lernen, kritikfähig zu sein. Es läuft nicht immer alles nach Plan und es passieren Dinge, die man selbst nicht vorhersehen konnte. Im Business und besonders mit Luxuskunden muss man auch viel einstecken können. Selbst wenn man sich noch so anstrengt und selbst wenn man vieles richtig macht. Es gibt immer Menschen, die mit der erbrachten Leistung nicht zufrieden sind und Kritik anbringen. Sich dann dafür einzubringen und dafür einzustehen ist entscheidend in dem Moment. Wenn einmal etwas schiefläuft, muss man es schnellstmöglich korrigieren. Oftmals hilft auch eine Entschuldigung.

Ich muss sagen, dass in meiner bisherigen Karriere wirklich nicht viel schieflief, das extrem bedeutend war. Zum Glück waren fast alle meine Kunden, Käufer und auch Verkäufer immer glücklich mit ihren Entscheidungen und mit meiner Dienstleistung. Ich gebe auch ganz ehrlich zu: Mein größter Kritiker bin ich selbst. Ich hinterfrage sehr oft selbst, ob das, was ich da gerade tue, korrekt ist und ich auf dem richtigen Weg bin. Seit Tag eins als Immobilienmakler frage ich mich täglich, wie ich selbst gerne behandelt werden würde, wenn ich mein eigener Kunde wäre. Diese Art und Weise, diese Herangehensweise hat mich zum Glück wirklich weit im Leben gebracht. Ich hatte keinen Mentor oder sonstigen Menschen in meinem Umfeld, den ich hätte fragen können, wenn ich einmal nicht weiterwusste. Alles habe ich immer aus meinem Bauchgefühl heraus entschieden.

Kritikfähig zu sein ist eine wichtige Tugend im Umgang mit Menschen. Ich halte es für einen entscheidenden Wert, um vernünftig durchs Leben zu kommen. Erfolgreich oder weniger erfolgreich, das sei mal dahingestellt. Wichtig ist auch, dass man zuhören kann. Nur wer zuhören kann, kann die Nachricht, die der andere durch seine Aussage abschickt, empfangen und aufnehmen. Danach geht es an die Umsetzung. Ich glaube, du weißt, was ich damit meine. Es ist nichts Neues, aber es ist ein Wert, der von vielen Menschen nicht richtig eingeordnet oder angenommen wird. Wäre die Welt, in der wir leben, grundsätzlich kritikfähiger, könnte man viele Streitigkeiten oder gar Kriege vermeiden.

# 29. SPRINGE ÜBER DEINEN SCHATTEN UND VERLASSE DEINE KOMFORTZONE

Krass und crazy wohnen! Jetzt werde ich auch noch Moderator! Um weiter zu wachsen, um den nächsten Schritt zu gehen, musst du oftmals über deinen Schatten springen. Du musst die berühmte eigene Komfortzone verlassen. Du musst dich überwinden, etwas zu tun, was du noch nie getan hast. Aber so ist es, um wirklich erfolgreich zu werden. Willst du etwas haben, was du noch nie gehabt hast, musst du auch etwas tun, was du noch nie getan hast. So erging es mir auch schon oft.

Zum Beispiel war es schon immer mein großer Traum, eine eigene Marcel-Remus-Kollektion mit Accessoires und Deko- Artikeln auf den Markt zu bringen. Wie toll wäre es, wenn ich als Makler auch noch meine eigenen Interieur- Design-Gegenstände vermarkten würde. Das wäre passend zu meinem täglichen Job und da würde sich der Kreis doch wieder schließen. Beim Homeshopping-Sender HSE24 hatte ich dann endlich meinen Pitch-Termin, einen der wichtigsten Termine überhaupt, bei einem der größten Teleshopping-Sender in unserem Land mit Millionenumsätzen pro Monat. Ich durfte den Chefs und Entscheidern im Bereich Einkauf und Markenaufbau mein Konzept präsentieren. Ein unglaublich aufregender und spannender Termin in München. Und nach fast zwei Stunden in der Zentrale von HSE24 konnte ich die Chefetage von mir überzeugen. Geplant wurde eine eigene Home-Kollektion. *Finca Blanca by Marcel Remus.* Verrückt. Es ging in die Planung, in die Produktion, in die Werbung und zu guter Letzt in die Liveshows. Ich als Mallorca-Makler hatte meine eigene Remus-Kollektion.

In der Premiere, also in der ersten Sendung, waren meine Kissenkollektion und der Bronze-Stierkopf für die Wand nach wenigen Minuten ausverkauft. Unglaublich, wie das lief. Über mein Headset im Ohr sagte mir der Aufnahmeleiter im Sekundentakt, wie die Verkaufszahlen waren. Vollgas und Attacke, noch eineinhalb Minuten, dann sind deine Kerzen auch ausverkauft. Ich war begeistert. Eine komplett neue Sparte, in der ich mich plötzlich befand. Aufregend. Extra von Mallorca nach München eingeflogen zu werden, morgens früh direkt in die Maske, dann drei Livesendungen über den Tag verteilt. Und immer ein absoluter Erfolg. Ich habe die Sache so sehr ernst genommen, hatte bereits Monate vor meiner ersten Livesendung Training, wie man in so einer Teleshopping-Sendung spricht, wie man sich präsentiert. Worauf kommt es an? Wie ist die Zeit einzuschätzen? Wie präsentiert man die eigenen Produkte? Wie redet man mit den Zuschauern zu Hause vor dem Fernseher?

Es war anstrengend, aber ich hatte mein Ziel vor Augen, auch im Bereich Homeshopping eine Luxusmarke aufzubauen. In jeder Sendung überkam mich ein richtiger Adrenalinkick. Auch wenn man den Aspekt Marketing und Branding betrachtet, hat dieses neue Business extrem in meine bereits bestehende Marke als Luxusmakler einbezahlt. Denn kein anderer Immobilienmakler in Deutschland hat seine eigene Kollektion im Vertrieb mit Teleshopping.

Dann kam Corona. In den Verträgen steht grundsätzlich immer, dass die Gesichter der Marken, also die Namensgeber, auf jeden Fall live im Studio sein müssen, um ihre eigenen Produkte zusammen mit der Moderatorin zu präsentieren. Ich hatte im Monat immer mindestens drei Liveschalten. Die Pandemie zwang uns jedoch alle über Monate hinweg, zu Hause zu bleiben. Was nun? Das Lager war voll mit Produkten aus meiner Kollektion, alles bereit zum Verkauf, die Umsatzzahlen waren streng kalkuliert und die Termine und Zeiten für meine eigenen Sendungen standen lange fest. Ich durfte aber nicht reisen. Keiner durfte sich überhaupt bewegen. Eine für uns alle komplett neue Situation.

Die Möglichkeit, mich von Mallorca aus online in die Sendung zuzuschalten, stand nicht zur Debatte. Das war keine Alternative. Nach einigen Gesprächen mit der Chefetage war klar, dass mein Vertrag aufgehoben werden würde, da man das Ende der Pandemie leider nicht annähernd voraussehen könnte. Keiner konnte diese dramatische Situation einschätzen. Und so schnell war es auch wieder vorbei mit der eigenen Home-Kollektion *Finca Blanca by Marcel Remus.*

Ich gebe zu, die Pandemie hat mein Business als Immobilienmakler grundsätzlich beflügelt, obwohl die Situation finanziell für viele Menschen auf der Welt sehr hart wurde. Der Immobilienmarkt besonders im Luxussegment erlebte einen ungeheuren Aufschwung, nachdem der Lockdown aufgehoben wurde. Dennoch muss ich sagen, hat mich die Entscheidung tief getroffen und enttäuscht, weil das Potenzial der eigenen Kollektion riesig war, und davon bin ich bis heute überzeugt. Will man etwas schaffen, was man zuvor noch nie geschafft hat, muss man etwas tun, was man zuvor noch nie getan hat.

Ich arbeite aktuell emsig an einer neuen Kollektion. Ich lasse mir den Traum nicht nehmen. Nicht von einer Pandemie, die die Welt für zwei Jahre in der Hand hatte. Das lasse ich nicht zu. Und so solltest du auch an deine Träume herangehen und jeden Tag daran arbeiten, sie zu erreichen. Wenn du es nicht für dich selbst machst, wird es nichts. Kein anderer wird den Weg für dich gehen. Du musst aus deiner Komfortzone heraus, über deinen Schatten springen.

Das musste ich auch bei meiner ersten eigenen TV-Sendung als Moderator. Ich hatte immer schon den Traum, einmal meine eigene Fernsehsendung zur besten Zeit, also um 20:15 Uhr, zu präsentieren. Letztes Jahr kam dann die Anfrage für ein Immobilienformat. Wie passend! Wie spannend und aufregend. In der Sendereihe *Krass und crazy wohnen* sollte ich verschiedene Menschen vorstellen, die in ganz außergewöhnlichen Wohnsituationen lebten. Eine große Herausforderung für mich. Sprechen und reden kann ich zwar wie ein Wasserfall und Lampenfieber habe ich bei Auftritten als Sprecher auf der Bühne oder bei Fernsehdreharbeiten auch nicht mehr. Aber eine Sendung zu moderieren ist schon etwas ganz anderes. Dennoch habe ich direkt zugesagt.

Mit meiner lieben Freundin Nina Mogghadam, die selbst Moderatorin, aber auch Moderationscoach ist, habe ich mich auf meine Sendung vorbereitet. Wo mache ich eine Pause? Wo spreche ich etwas lauter? Wann wird es emotional? Der Dreh vor Ort auf Mallorca in einer 16-Millionen-Villa, die ich im Verkauf habe, hat mir besonders mit dem Team rund um Aufnahmeleiter, zwei Kameramänner, Produktionsassistent und Maskenbildner extrem viel Spaß gemacht. Auch wenn ich sehr nervös war, um direkt zu Beginn alles richtig zu machen. Aber ich habe es gemacht. Durchgezogen. Wieder ein Ziel erreicht. Ich habe mir selbst wieder einen persönlichen Traum erfüllt. Du musst es nur machen. Der Sender war begeistert, die Sendung lief gut und die Quote war sehr zufriedenstellend.

Alles ist machbar. Du kannst alles erreichen. Wenn du dich und deine Träume nicht selbst limitierst.

# 30. INVESTIERE IN DICH SELBST. AUF NACH MOSKAU – VOR DEM KRIEG

Du bist für dich und dein Leben selbst verantwortlich. Lebe dein Leben so, wie du es für richtig hältst, sonst wirst du durch die Entscheidungen anderer gelebt. Im Klartext: Investiere in dich selbst.

Im Herbst 2018 hatte ich die verrückte Idee, einfach mal nach Russland zu fliegen, um für knapp vier Wochen in einer Sprachenschule in Moskau einen Russischkurs zu machen. Meine Eltern und Freunde hielten mich für verrückt. Warum macht man das? Klar ist Moskau sicher eine traumhafte Stadt mit viel Geschichte, Kultur und Sehenswürdigkeiten. Und natürlich jede Menge hübscher Frauen. Alles anders als alle anderen. Kaum ein Mensch traut sich, über den Tellerrand hinauszublicken. Da sind wir wieder bei dem Thema »Traue dich etwas, um deine Ziele zu erreichen«. Bekämpfe deinen inneren Schweinehund. Gedacht, getan, also habe ich mich in der Sprachschule angemeldet, mein Hotel klargemacht und einen Flug nach Moskau gebucht. Ein Investment einzig und allein in mich. Ein Erlebnis, eine Erfahrung. All das kann mir keiner mehr nehmen.

Ich habe zwar im besten Hotel der Stadt gewohnt, im »Four Seasons« direkt am Roten Platz, aber dennoch war es eine krasse Herausforderung. So ganz alleine in Russland. Ohne jemanden zu kennen. Aber ich wäre nicht ich, wenn ich nicht auch das gut hinkriegen würde.

Kaum in Moskau gelandet, lernte ich in der Schlange der Passkontrolle direkt einen coolen Typen kennen, der beruflich in Madrid zu tun hatte und zurück zu seiner Frau nach Moskau flog. Wir freundeten uns an und ich traf ihn und seine Frau ein paar Tage später zum Abendessen. Die zwei haben mir direkt zu Beginn meines Aufenthalts ein paar Tipps gegeben und mir erklärt, wie das Leben in Moskau so abläuft. Bis heute sind wir in Kontakt. Die Herausforderung im Sprachkurs war schon extrem. Zumal ich es ja nicht mehr gewohnt war zu lernen. Mein Kopf, mein Gehirn sind ja nicht mehr so trainiert, wie damals zu Zeiten des Gymnasiums. Aber alles machbar. Wo ein Wille, da ein Weg. Und ich habe mir das Ganze ja selbst eingebrockt. Und so saß ich für fast vier Wochen jeden Vormittag auf der Schulbank mit ungefähr fünf bis sechs anderen Schülern und am Nachmittag in meinem Hotelzimmer, um brav meine Hausaufgaben zu machen.

Was hat mir das gebracht? Ich habe eine der schönsten Städte und Länder der Welt sehr gut kennengelernt. Ich habe neue Freunde gefunden. Ich kann jetzt sehr gut Small Talk auf Russisch halten und die Leute verstehen mich sogar. Ich bin über meinen Schatten gesprungen, aus meiner Komfortzone ausgebrochen und habe mich selbst an meine Grenzen gebracht, um zu wachsen. Mein Kumpel Daniel hat mich am letzten Wochenende in Moskau besucht und wir haben so richtig einen draufgemacht. Wir haben in den coolsten Klubs bis in die frühen Morgenstunden das Leben gefeiert. Und ich habe für meinen absolvierten Russischkurs ein Abschlusszeugnis erhalten, obwohl ich so oft am liebsten das Handtuch geworfen hätte. Aber das Handtuch zu werfen, das wäre zu einfach gewesen. Das wäre nicht ich.

Was ist dein nächstes Investment in dich selbst?

# 31. IGNORIERE DEINE WETTBEWERBER

Konkurrenz, was ist das? Egal, ob du dich in einem Angestelltenverhältnis befindest oder dein eigenes Unternehmen führst, die Konkurrenz sollte dich überhaupt nicht interessieren. Das sagt sich so leicht, besonders wenn man es nach all den Jahren harter Arbeit geschafft hat, der beste in seiner Branche zu sein. Aber das war ja nicht immer so. Natürlich schaut man anfangs links und rechts und vergleicht sich. Man guckt, wie es die anderen machen. Man versucht, sich etwas abzugucken. Ich habe aber frühzeitig, eigentlich sogar direkt am Anfang meiner Karriere erkannt, dass ich in meinem Job, in meiner Berufsbranche als Makler auf Mallorca, gar nicht vergleichen darf! So gut wie jeder Makler ist auf Mallorca eh so gut wie identisch.

Das fängt ja schon damit an, dass fast alle dieselben Immobilien im Angebot, auf der Website oder im Schaufenster haben. Keine Exklusivität. Meine Firmenphilosophie macht es mir ziemlich einfach und sagt ja schon alles: Alles anders als alle anderen. Somit habe ich mir von Anfang an auch keinen Stress gemacht nach dem Motto »Was machen die anderen?«. Ich habe mir vielmehr überlegt, was *ich* machen kann, um eben genau gegen den Strom zu schwimmen. Es gibt so viele Dinge, die ich gemacht habe, um aufzufallen, um anders zu sein.

Ich werde nie vergessen, wie ich im ersten Jahr meiner Selbstständigkeit zu einem meiner Maklerkollegen ins Büro nach Santa Ponsa gefahren bin, um ihn zur Rede zu stellen. Mehrfach hörte ich in den Wochen zuvor, dass er immer wieder schlecht über mich reden würde. Meine Einstellung ist grundsätzlich dazu: Wenn ich nichts Positives über die Konkurrenz zu sagen habe, halte ich besser meinen Mund. Es wirft ein schlechtes Licht auf mich selbst, wenn ich bösartig über andere schimpfe. Und genau das tat dieser Kollege eben ausgiebig vor gemeinsamen Kunden. Und das macht man nicht. Das gehört sich nicht. So viel wusste ich auch mit meinen 23 Jahren schon. Und so marschierte ich in das Büro des alteingesessenen Maklerkollegen und bat seine Sekretärin am Empfang um eine kurze Audienz mit dem Chef. Wenig später durfte ich in seinem Büro vor ihm Platz nehmen. Ich kam direkt zur Sache: »Mir ist zu Ohren gekommen, dass Sie immer wieder negativ vor gemeinsamen Kunden über mich reden! Ich bin neu am Markt, ich bin jung und ich habe eine Chance verdient. Ich mache einfach nur meinen Job. Und ich würde niemals schlecht über Sie reden, denn Sie haben eine 20-jährige Karriere hier auf der Insel. Wenn Sie ein Problem mit mir haben, dann sagen Sie es mir bitte persönlich, aber nicht vor unseren Kunden.«

Puh, da kam einiges raus aus meinem Mund. Aber alles ganz gefasst und im ruhigen Ton. Er stritt natürlich alles ab. Was ich ehrlich gesagt noch blöder und sehr feige fand. Aber egal. Jeder Mensch ist anders. Und einen damals 65-jährigen alten Mann, der am Stock ging, werde ich mit meinen 23 Jährchen sicher nicht mehr ändern, sagte ich mir. Aber meinen Respekt hatte er verloren, obwohl sein Unternehmen zur damaligen Zeit definitiv zu den Top 3 der Insel gehörte. Mittlerweile aber auch völlig irrelevant. Jetzt ist er fast 80 und geht immer noch am Stock.

Eine weitere Geschichte, die mir mit den lieben Kollegen widerfahren ist und bei der ich auch nur noch mit dem Kopf schütteln kann, war folgende: Wenn Immobilien zum Verkauf stehen, und das dann bei unterschiedlichen Makleragenturen, kommt es oft vor, dass der Makler, der sein Büro in der Nähe der Immobilie hat, auch den Schlüssel zur Villa verwaltet. Wenn man dann Besichtigungstermine mit Kunden hat, muss man den Termin vorab ankündigen und auch den Eigentümer, also den Verkäufer, darüber informieren. Ich hatte mit einem meiner Kunden eine Zweitbesichtigung in der Immobilie. Es sah ziemlich gut aus, dass er das Haus kaufen würde. Davon hatte der Maklerkollege, der den Schlüssel verwaltete, leider auch Wind bekommen. Der Verkäufer wollte scheinbar etwas Druck aufbauen oder mehr Geschwindigkeit in den Verkauf seiner Immobilie bringen. Was auch immer. Er hat dem Maklerkollegen davon erzählt, dass mein Kunde kurz davor wäre, ein Kaufangebot für das Haus abzugeben. Der Maklerkollege hatte einige Tage zuvor wohl auch einen Interessenten, der sehr von dem Objekt angetan war. Ich holte den Schlüssel ab und fuhr mit meinem Kunden zum Objekt, um es ihm wie vereinbart noch einmal in Ruhe zu zeigen. Dort angekommen, passte leider der Schlüssel nicht mehr in das Eingangstürchen. Warum auch immer, aber der Schlüssel ging nicht mehr in das Schloss. Ich rief den Eigentümer an und kurz darauf auch den Makler, der den Schlüssel verwaltete. Er hatte ja erst kürzlich eine Besichtigung vor Ort. Alles schien normal, nur eben heute nicht, wenn ich kurz vor der Kaufzusage meines Kunden stehe. Ich hatte mit dem Eigentümer vereinbart, dass er über sein Handy die Alarmanlage deaktiviert, und erlaubte mir, über den Zaun zu springen. Somit konnte ich das Eingangstürchen an der Straße von innen öffnen und meinen Kunden in den Garten lassen. Vor der Haustüre traute ich meinen Augen nicht. Auch der Schlüssel zur Haustüre passte nicht in das Schloss. Und neben dem Schloss waren Reste von durchsichtigem Silikon. Mein Kunde fing an zu lachen. Ich fand es nicht so lustig. Ich war richtig verärgert. Jemand hatte tatsächlich eine Silikonmasse in beide Schlösser gespritzt. Wer macht so was? Den Kunden bat ich um Verzeihung, obwohl er selbst größtes Verständnis hatte. Er hatte ja selbst gesehen, was passiert war.

Ich rief den Verkäufer an und schilderte ihm die Situation. Dieser hatte bei seinem letzten Aufenthalt eine Kamera im Flur aufgestellt. Er checkte die gespeicherten Aufnahmen der Überwachungskamera und rief mich zurück. Fassungslos schilderte er mir die Situation und es bestätigte sich tatsächlich das, was ich schon befürchtet hatte. Ich konnte es mir eigentlich gar nicht vorstellen. Der Maklerkollege hatte tatsächlich kurz vor meiner Besichtigung mit meinem Kunden Silikon in die zwei Schlösser gespritzt, um eine Besichtigung durch mich mit meinem Kunden zu verhindern. Um die Entscheidung meines Kunden zu beinträchtigen. Um den Deal kaputtzumachen. Wie krass ist das denn! Wie unkollegial! Er hatte offenbar nicht gewusst, dass die Kamera neu aufgestellt worden war. Diese filmte ihn durch das Fenster und auch am Eingangstürchen war er ganz klar durch die Gitterstäbe zu erkennen. Der Eigentümer entzog ihm auf der Stelle das Mandat. Die Schlüssel musste er sofort bei der Putzfrau, die das Haus betreute, abgeben. Mein Kunde hat das Haus danach gekauft. Aber ich war schockiert, mit welchen bizarren Mitteln man als

Makler hier auf Mallorca vor lauter Neid und Frust vorgehen kann. Was für eine Arbeitsweise! Ohne Worte.

Und hier kommt eine fast noch bessere Geschichte: Es gibt Verkäufer, die erlauben, dass man als Immobilienmakler ein Verkaufsschild an der Fassade oder am Einfahrtstor der Villa platziert. Dort finden Interessenten die Kontaktdaten des Maklers und wenn sie das Objekt besichtigen möchten, können sie direkt anrufen. Eine einfache Art und Weise, um das neu aufgenommene Objekt zu bewerben. Dumm nur, wenn das Haus von unterschiedlichen Maklern angeboten wird und alle ein Verkaufsschild draußen platzieren. Es sieht dann ein bisschen aus wie auf einem türkischen Bazar. Aber egal, das muss man eben akzeptieren. Der Kunde ist König, in dem Fall der Verkäufer. Eines Tages fuhr ich durch Son Vida und kam auch an einem Haus vorbei, das ich im Angebot hatte. Dort hatte ein Maklerkollege ein Schild und ich. Nur wir zwei. Nur seltsamerweise war mein Schild, übrigens 1,5 mal 3 Meter, also ziemlich groß und nicht zu übersehen, mit schwarzer Plastikfolie umwickelt. Nichts war mehr von meinem Logo oder gar meinen Kontaktdaten zu sehen. Alles eingewickelt.

Ich hielt an und machte davon eine Story auf Instagram. Was im Nachgang für richtig Furore unter den Maklern auf Mallorca sorgte. Jeder hatte das Video gesehen. Ich rief den Verkäufer an und fragte freundlich, ob er wisse, was da los sei. Der wusste von nichts. Dann rief ich den Gärtner an, der gleichzeitig auch mein Gärtner für meine zwei Häuser in Son Vida ist. Er sagte mir, dass mein Schild vor zwei Tagen noch nicht eingewickelt war, aber der andere Makler gestern eine Besichtigung mit einem Kunden hatte. Jetzt möchte ich keinem etwas unterstellen. Aber es ist schon sehr komisch, dass mein Schild von wem auch immer in schwarzer Plastikfolie umwickelt wurde, aber das Schild des Maklerkollegen, der dann auch noch zufällig einen Kunden für das Haus hatte, in aller Pracht und Blüte dasteht. Frei nach dem Motto: Der Kunde soll bloß nicht auf die Idee kommen, Makler Remus mit der Suche zu beauftragen.

Alles sehr komisch. Leider gab es in diesem Fall keine Aufnahme der Kameraüberwachung. Was will ich damit sagen? Viele Menschen glauben an den Spruch »Konkurrenz belebt das Geschäft«. Ich muss sagen, ich bin auch ohne diese ganzen Geschichten motiviert. Natürlich zeigt es mir, dass ich offenbar einiges richtig mache, sonst würde der ein oder andere Maklerkollege ja nicht so verzweifelt agieren. Für mich gibt es keine Konkurrenz. Ich bin eh anders als alle anderen. Ich mache mein Ding so, wie ich das will. Fast so wie Pippi Langstrumpf. Ich mach' mir die Welt, so wie sie mir gefällt. Und das solltest du auch tun.

# 32. RÜTTLE DICH WACH, DEIN LEBEN WARTET!

Mein Opa Heinz hat mich zu einer Weisheit geführt, die mich selbst in meinem bisherigen Leben wirklich weit gebracht und zudem auch immer wieder motiviert hat. Meine Eltern und ich wohnten Anfang der Neunzigerjahre in Rünthe, einer Kleinstadt inmitten von Nordrhein-Westfalen. Auf gut Deutsch gesagt: mitten im Pott. Die meisten Menschen lebten davon, auf der Zeche zu arbeiten, also im Bergwerk. Auch mein Vater war damals, als ich geboren wurde, als Elektromeister auf der Zeche. Er hatte oft harte Nachtschichten, oft kilometerweit unter der Erde, und oftmals so riskant, dass er wirklich sein Leben aufs Spiel setzte, um uns, meine Mutter und mich, zu ernähren.

Wir wohnten direkt an der Hauptstraße, die durch den Ort führte. Zigtausende Autos fuhren am Tag an unserem Wohnzimmerfenster vorbei. Gerne saß ich als Kind immer auf der Fensterbank, am liebsten, wenn es draußen regnete, und zählte die Autos, die vorbeifuhren. Stundenlang. Wir wohnten in einer 100-Quadratmeter-Doppelhaushälfte, wir vorne an der Hauptstraße und mein Opa Heinz mit Oma Helga nach hinten raus. Die Nachmittage verbrachte ich oft bei Oma und Opa. Meine Mutter arbeitete damals noch in einem hoch angesehenen Restaurant im Service. Das Geld war knapp, aber wir kamen immer gut über die Runden. Mein Opa war über Jahrzehnte für ein Logistikunternehmen tätig und kümmerte sich um die Lkw. Das fand ich immer spannend. Jeden Abend erzählte er von seiner Arbeit und was an dem Tag alles so passiert war. Meine Oma Helga arbeitete als Reinigungskraft in einem Privathaushalt. Auch sie schwammen nicht in Geld, kamen aber gut zurecht.

Abend für Abend hatten wir die gleichen Abläufe. Erst ging mein Opa in die Badewanne und danach lag er bis spätabends in einem weißen Unterhemd auf dem Sofa. Der Fernseher lief immer und alle mussten *RTL aktuell* gucken. Der Nachrichtensprecher Peter Klöppel, Sportmoderatorin Ulrike von der Gröben und Wetterfee Maxi Biewer sowie Christian Häckl gehörten fest zu meinem abendlichen Leben. Auch mit Starmoderatorin Frauke Ludowig bin ich groß geworden. Sie alle gehörten damals fast schon zur Familie. Das klingt skurril, aber ich glaube, der ein oder andere von euch kann das nachvollziehen.

Lustig, dass Frauke Ludowig seit Jahren auf meiner Lifestyle Night auf Mallorca durch den Abend führt. Verrückt, wenn ich zurückblicke. Wer hätte das gedacht? Ich definitiv nicht, wenn ich mich an meine Vergangenheit zurückerinnere. Es ist so viel passiert, seit ich Deutschland verlassen habe und nach Mallorca ausgewandert bin. Viel Arbeit, viel Schweiß. Mein Opa liegt heute immer noch in der Wanne und im weißen Unterhemd auf dem Sofa, und der Running Gag zwischen meiner Mutter und mir ist tatsächlich genau diese Situation. Wenn ich meine Mutter frage: »Und, wie geht's?«, sagt sie oftmals: »Wie soll es schon gehen ...!« Denn genau das sagt meine Oma immer, wenn man sie am Telefon fragt, wie es ihr geht. Immer. Wie soll es schon gehen? Und dann fragt man als Nächstes: »Und was gibt es Neues?« Dann ihre immer gleiche Antwort:

»Was soll es schon Neues geben …!« Dann die Frage: »Was macht der Opa …?« Antwort: »Der liegt in der Wanne!« – oder eben auf dem Sofa. Seit Jahren. Immer.

Was hat mich das gelehrt? Was hat mir das gezeigt? Wach auf, dein Leben wartet! Das habe ich mir damals fest vorgenommen. Schon als Jugendlicher. Denn jeder ist für sich selbst verantwortlich. Jeder! Egal wie alt. Egal woher man kommt und egal wie viel oder wenig Geld man hat. Natürlich gibt es auch Menschen, die zufrieden sind mit sich und ihrem Leben. Auch wenn nicht viel in ihrem Leben passiert. Das ist auch alles gut so. Aber ich persönlich wäre es nicht, wenn ich mein Leben so führen würde.

Wach auf, dein Leben wartet! Opa Heinz und die Wanne-Sofa-Story, das ist meine Lebensmotivation. So wild das klingt, aber ich glaube, jeder von uns hat schon solche Geschichten erlebt, die einen am Ende des Tages sein ganzes Leben lang immer wieder motivieren.

# 33. GEHE SELBST AUF DEINE KUNDEN ZU

Ich liebe es! Das »Remus Business-Jogging« ist mittlerweile schon so fest etabliert in meinem Tagesgeschäft, dass ich gar nicht mehr damit aufhören kann. Und das, obwohl ich mittlerweile mit Sicherheit die Füße hochlegen könnte.

Was genau ist das »Business-Jogging?« Vor über zehn Jahren, am Anfang meiner Karriere, habe ich mir passend zu meiner Firmenphilosophie »Alles anders als alle anderen« überlegt, wie ich anders als alle anderen Maklerkollegen an neue Immobilien kommen würde. Ich brauchte neue, frische Objekte, die mir die Verkäufer ins Portfolio gaben. Häuser, die noch nicht offiziell im Angebot oder auf dem Markt waren. Also habe ich mir überlegt, dass ich eben zum Kunden gehe, wenn der Kunde nicht von alleine zu mir kommt. Klar, zu mir kam ja anfangs keiner, weil ich komplett neu am Markt war. Mich kannte keine Menschenseele. Gedacht, getan. Zack, zog ich mir eines Morgens meine Sportklamotten an und fuhr ins Büro. Dort nahm ich einen ganzen Stapel Visitenkarten und meine eigenen Lifestyle-Magazine mit ins Auto.

Ich fuhr nach Santa Ponsa und parkte mein Auto in der besten Straße mit den teuersten und imposantesten Anwesen. Dann schnappte ich mir einen fetten Stapel Magazine und Visitenkarten und joggte los. Die ganze Straße rauf und runter, bis ich alles verteilt hatte. Und das habe ich über Jahre immer wieder regelmäßig gemacht.

Ich werde nie vergessen, wie ich dadurch unter anderem eine sehr beeindruckende Liegenschaft in die Vermarktung bekommen habe. Ich hatte vor zig Jahren mein Magazin und meine Kontaktdaten bei einem sehr netten Eigentümer aus Österreich hinterlassen. Er sagte damals, er wolle auf keinen Fall verkaufen, die Kinder würden diese Villa irgendwann einmal erben. So etwas in dieser Lage verkaufe man nicht. Wo er recht hat, hat er recht. Aber dennoch kommt ja bekanntlich immer alles anders, als man denkt. Fünf Jahre nachdem ich ihm meine Kontaktdaten und mein Magazin an der Haustüre überreicht hatte, rief er mich an. Ich wusste auch lustigerweise direkt, wer am Telefon war und um welches Anwesen es sich handelte. Er sagte: »Remus, wir müssen reden!«

Am nächsten Tag saß ich bei ihm und seiner Frau im Wohnzimmer. Er schilderte mir seine Situation. Er war damals knapp achtzig Jahre und die Kinder würden die Villa gar nicht mehr nutzen. Sie wollten in die weite Welt hinaus und nicht mehr ins Haus nach Mallorca kommen. Deshalb wolle er schnellstens verkaufen. Exklusivauftrag mit sechs Prozent Provision. Richtig geil, da hat sich das Türklinkenputzen vor fünf Jahren mal wieder gelohnt. Das Haus habe ich innerhalb von drei Wochen an den Vorstand von Daimler aus Indien verkauft. Auch ein spannender Kunde. Und so habe ich in den vergangenen Jahren immer wieder tolle Objekte in mein Portfolio bekommen, die andere Makler gar nicht erst zu Gesicht bekamen. Schneller und anders als alle anderen!

Noch eine sehr coole Geschichte, die mir eben erst am Flughafen in Mykonos passiert ist: Ich wollte in die Lounge am Flughafen einchecken. Vor mir ein Deutscher, der nicht hereingelassen wurde, weil Swiss, die Schweizer Fluggesellschaft, scheinbar nicht der Lounge in Mykonos angeschlossen ist. Bei mir dasselbe. Also sind wir beide wieder gegangen. Während wir mit den Damen am Lounge Check-in sprachen, kamen auch wir ins Gespräch. Er fragte mich, ob ich Deutscher sei, ich bestätigte, fügte aber hinzu, dass ich auf Mallorca lebe. Er guckte mich an und sagte: »Ich kenne dich, du hängst doch auf den ganzen Werbeplakaten in Palma, ich habe auch ein Haus in Son Vida.« Er sagte mir seinen Namen, den ich natürlich kannte. Ich kenne so gut wie jeden Nachbarn und Hausbesitzer in Son Vida. Vor über zehn Jahren hatte ich auch bei ihm schon einmal geklingelt, um zu fragen, ob er sein Anwesen verkaufen wolle. Leider möchte er immer noch nicht verkaufen. Er lud mich nun am Flughafen Mykonos auf einen Kaffee ein. Sehr sympathisch. Er möchte sein Haus vermieten.

Wieder ein neuer Kontakt, der durch die aktive Art und Weise, wie ich mein Business aufgebaut habe, entstanden ist.

# 34. ARBEITE JEDEN TAG AN DEINEM GROSSEN TRAUM

Ich bin so mächtig stolz! Seit Wochen laufe ich mit einem breiten Grinsen durch die Gegend und das hat einen ganz besonderen Grund. Seit acht Jahren habe ich persönlich einen ganz besonderen Traum. Ich wollte schon immer mein eigenes Fernseh-Format haben. Eine eigene Marcel-Remus-Serie über Immobilien auf Mallorca, gepaart mit Lifestyle und tollen Bildern und Eindrücken von der Trauminsel. Jahrelang habe ich immer wieder mit verschiedenen Sendern gesprochen, ob es nicht endlich mal wieder Zeit für ein Immobilien-TV-Format wäre. Keiner hatte Lust darauf. Keiner hat das Potenzial gesehen. Die Serie *mieten, kaufen, wohnen* auf Vox, mit der ich in der breiteren Bevölkerung bekannt geworden war, gab es auch schon seit Jahren nicht mehr. Also der perfekte Moment, endlich wieder ein Immobilienformat ins Fernsehen zu bringen.

Vor gar nicht allzu langer Zeit wurde auf Netflix die Serie *Selling Sunset* veröffentlicht. Gut aussehende Damen in sehr knappen und auffälligen Outfits zeigten potenziellen Käufern Traumimmobilien für gigantische Summen in den besten Lagen von Los Angeles. Dazu ganz viel Drama und hier und da sehr viel nackte Haut. Ein absoluter Welthit. Ein großer Erfolg und mittlerweile wird bereits die achte Staffel produziert. Das war mein Moment! Vor über einem Jahr habe ich ein Team zusammengestellt und mit Kevin, meinem Kameramann, ein hochprofessionelles

Trailer-Video, eine Art Pilot-Projekt, auf eigene Kosten produziert. Dieses Fünf-Minuten-Video habe ich dann einigen Sendern und Produktionsfirmen präsentiert. Mein Pitch war spannend. Und es hat sich gelohnt. Die Idee, die ich vor über acht Jahren hatte, hatte endlich in der deutschen Fernsehlandschaft Anklang gefunden. Nicht zuletzt wegen des Riesenerfolgs von *Selling Sunset*. Ich habe so lange davon geträumt, tolle Immobilien und spannende Kunden in meiner eigenen Serie zu zeigen. Mallorca ist so schön und leider geht es im Fernsehen oftmals nur um die Ballermann-Meile.

Das Format habe ich mit insgesamt acht Folgen an die RTL-Gruppe verkaufen können. Es lief im Streaming bei RTL+ und im Free-TV bei Vox. Ich bin so stolz auf mein Team, auf Kevin und seine Kameramänner, auf die Produktionsfirma. Da stecken so viel Leidenschaft und Herzblut drin. Ich bin sehr dankbar. Diese lange Reise zeigt mir, dass man alles erreichen kann, wenn man an seinen Traum und an sein Ziel glaubt. Acht Jahre waren so lang. Aber es hat sich gelohnt. Glaube an das, was du dir vorgenommen hast, und lasse dich nicht von deinem Weg abbringen. Es lohnt sich, dafür zu kämpfen. Auch wenn es lange dauert, es ist alles möglich! Der Mallorca-Makler Marcel Remus und sein Immobilienteam sind das beste Beispiel.

# 35. SEI GUT DRAUF! SCHLECHTE LAUNE HILFT DIR NICHT WEITER, GUTE LAUNE SCHON

Du bist selbst schuld, wenn du morgens mit schlechter Laune aufstehst!

Es war im Sommer 2010. Ich hatte mich gerade, Ende 2009, selbstständig gemacht. Ich war bei Sir Elton John und David Furnish zum Urlaub in ihrem Haus bei Nizza eingeladen. Früh am Morgen gegen 8:00 Uhr saß ich mit Elton auf seiner Terrasse beim gemeinsamen Frühstück. Er hatte bereits eine Stunde Tennis mit seinem Physiotherapeuten gespielt. Alle anderen Gäste waren noch am Schlafen oder machten sich gerade für den Tag fertig. Der Chefkoch bereitete das Frühstück vor. Alles sehr gesund.

Elton sah mich an und sagte: »Heute ist wieder ein sehr guter Tag!« Bono, der Sänger von U2, rief in diesem Moment auf Eltons Handy an. Die zwei verabredeten sich und Bono kam am Mittag mit seiner Frau zum Essen vorbei. Lynn Wyatt, eine langjährige Freundin von Elton, kam auch auf die Terrasse. Sie ist eine wahre Persönlichkeit. Von oben bis unten perfekt gestylt. Und das um kurz nach acht am frühen Morgen. Sie sah aus wie aus *Dallas*. Perlenketten und Diamanten funkelten. Sie trug einen großen, weißen Hut. Ein cremefarbenes Kostüm. Sie beklagte sich, denn über Nacht waren einige ihrer Aktien in den Keller gestürzt. Sie ist mehrere Hundert Millionen schwer und kommt aus Texas. Ich habe sie später noch öfters getroffen und sie ist auch immer Gast auf den Veranstaltungen von Elton John, »White Tie and Tiara« in London oder auf der berühmten Elton John Oscar Party in Los Angeles.

Elton nahm den Ärger von Lynn zur Kenntnis. Dann schaute er uns beide an und sagte: »Man ist selbst schuld, wenn man morgens mit schlechter Laune aufsteht!« Diesen Satz habe ich nie vergessen. Lynn und ich nickten. Und gaben ihm recht. Und warum auch immer ist dieser Satz in meinem Kopf geblieben. Es liegt allein an dir. Selbst wenn es einmal nicht so gut läuft: Entweder du änderst es selbst und nimmst dein Schicksal in die Hand oder du zerbrichst dir nicht die ganze Zeit den Kopf darüber. Deshalb bin ich am frühen Morgen auch immer so motiviert. Jeder kann den Tag neu und selbst in die Hand nehmen. Und natürlich ist es schöner und auch zielführender, gut gelaunt in den Tag zu starten. Da hatte der Elton definitiv recht. Lynn zuckte mit den Schultern und grinste: »Die Aktien werden schon irgendwann wieder hochgehen!« Klar, das war 2009/2010, mitten in einer Weltwirtschaftskrise, und auch die Superreichen kriegten diese zu spüren. Aber sie behielt natürlich recht. Die Aktien gingen wieder hoch.

# 36. SEI EINZIGARTIG. SEI MUTIG. SEI SCHNELL.

Du musst dich trauen, anders zu sein als alle anderen. Du musst Dinge tun, die anderen gar nicht erst einfallen würden. Und wenn du deine Ideen mit anderen teilst und sie dich für komplett verrückt halten, dann bist du auf einem sehr guten Weg.

Mit Verlaub: Sich als Immobilienmakler selbstständig zu machen, im Alter von 23 Jahren, und das inmitten der Weltwirtschaftskrise 2009, ist ja wohl die bekloppteste Idee überhaupt. Und auch mir haben damals nicht wenige Menschen den Vogel gezeigt. Selbst meine Eltern haben nicht daran geglaubt und mir geraten, im damaligen Angestelltenverhältnis zu bleiben. War das mein Lebenselixier? Nein! Definitiv nicht! Ich wollte mehr! Und ich war sehr davon überzeugt, dass ich es auch zu mehr bringe. Aber ich wusste, dass ich meinen eigenen Weg gehen musste. Heute läuft es bei mir. Keiner macht als One-Man-Show mehr Umsatz.

Gerade habe ich euch ja von meiner neuen Fernseh-Show erzählt. Da gibt es noch eine kleine Anekdote obendrauf, die zeigt, wie wichtig es ist, auch mit ungewöhnlichen Schritten die Gelegenheit beim Schopf zu packen und zur richtigen Zeit am richtigen Ort zu sein oder das Richtige zu tun. In meiner Serie auf RTL+ ist überraschenderweise auch Davina von der Netflix-Erfolgsserie *Selling Sunset* mit dabei, um mich dabei zu unterstützen, amerikanische Kunden von Mallorca als Investmentstandort zu überzeugen. Wie kam das? Ich habe sie vor zwei Jahren einfach auf Instagram angeschrieben und ihr auf Englisch zum weltweiten Erfolg der Serie gratuliert. Sie schrieb mir auf Deutsch zurück. Mittlerweile habe ich sie mehrfach in Los Angeles besucht, wir sind sehr gut befreundet und sie ist nun ein Teil meiner eigenen Serie. Hätte ich mich nicht getraut ihr zu schreiben, wäre das nie passiert.

Und hier noch ein Beispiel dafür, dass man Dinge einfach tun sollte, ohne ewig zu überlegen: Ich hatte seit Jahren den Wunsch, irgendwann einmal eine Veranstaltung in Amerika zu organisieren. Und wenn nicht im legendären Beverly Hills Hotel in Los Angeles, wo dann? Im März 2023 war es dann so weit. Ich hatte die Idee, etwas völlig Verrücktes zu machen. Der erste deutsche Makler, der seine Kunden zum Kaffeeklatsch ins Beverly Hills Hotel einlädt. Und all das zur krassesten Zeit, nämlich während der Oscar-Woche. Stars und Sternchen gehen hier täglich ein und aus. Ein paar Monate zuvor hatte ich in diesem Hotel zehn Tage Urlaub gemacht und natürlich auch Davina besucht. Ich bat um einen Termin mit John, dem Direktor des Hotels. Allein einen Termin zu bekommen, fand ich schon verrückt. Ich kam mir vor wie bei der Sendung *Die Höhle der Löwen*, ich musste jetzt meine Idee beim Hoteldirektor pitchen und ich hatte echt Muffensausen. Der weiß ja logischerweise gar nicht, was ich mache. Und jetzt komme ich mit meiner super Idee um die Ecke und möchte zur exklusivsten Zeit einen »Kaffeeklatsch« organisieren. Auf los geht's los.

Einige Wochen später war mein Event bestätigt und die Location im Beverly Hills Hotel gebucht. Ich hatte die gesamte Bar des Hotels gemietet und zur »Remus Tea Time« geladen. Ein Megaerfolg mit einem enormen Presseecho. Hollywoodsause mit Stargast Barbara Eden, die weltweit bekannt wurde als »Bezaubernde Jeannie«. Moderatorin Frauke Ludowig und Brigitte Nielsen zählten zu den Gästen sowie Kelly Rutherford, Morgan Fairchild, Hayley Hasselhoff, Kate Lindner, Elisabeth Röhm von *Law & Order New York* und viele mehr. Es gab Sandwiches, veganen Kuchen und Waffeln. Natürlich Kaffee und Tee, aber eben keinen Alkohol. Da ich selbst ja keinen trinke. Außerdem war es Nachmittag. Der Einladung folgten zahlreiche Kunden, die eigens aus Europa eingeflogen waren. Das fand ich enorm. Richtig toll! Millionäre und Milliardäre. Außerdem war es ein Get-together für den guten Zweck. Ich habe zehntausend Euro an die Stiftung DKMS gespendet. Der Scheck wurde von Katharina Harf entgegengenommen, die die Stiftungsratsvorsitzende ist. Ich wollte so einen kleinen Beitrag im Kampf gegen Blutkrebs leisten. Ein Riesenerfolg. Hätte das zuvor jemand erwartet? Sicher nicht!

Hätte mir jemand gesagt, dass ich eines Tages in diesem legendären Hotel eine Veranstaltung während der Oscar-Woche organisiere, ich hätte es nicht geglaubt, aber wenn man sich dann doch ein Ziel vornimmt, sollte man alles daran setzen, es auch zu erreichen. Mit Einzigartigkeit, mit Mut und mit Schnelligkeit.

# 37. SEI EHRLICH ZU DIR SELBST UND AUCH ZU ALLEN ANDEREN

Es gibt so viele komische Menschen auf der Welt und irgendwie wird mir das seit ein paar Jahren immer mehr bewusst. Viele, die einfach versuchen, jemand zu sein, der sie gar nicht sind. Menschen, die etwas nach außen darstellen, was gar nicht der Realität entspricht. Menschen, die so viel reden, aber nichts sagen, und denen die Meinung anderer über sie so unglaublich wichtig ist. Wenn du selbst ehrlich zu dir bist und somit auch im Umgang mit anderen Menschen, wirst du langfristig auch erfolgreich werden.

Mir war vom Anfang meiner Karriere an stets wichtig, ehrlich zu sein. Zu mir selbst, mit mir selbst und mit meinen Kunden. Gerade auf Mallorca sortiert die Insel die schlechten Menschen und unehrlichen Zeitgenossen automatisch mit der Zeit aus. Denn die Insel ist so klein, dass sich herumspricht, wer gut ist und wer nicht. Es hat sich stets gezeigt, dass Ehrlichkeit am Ende siegt. Und die Wahrheit kommt immer heraus. Vorleben schafft Vertrauen. *Wähle dein Umfeld weise* und auch danach aus. Ich habe es in den letzten Jahren so oft erlebt, dass sich andere Menschen gerne mit fremden Federn schmücken. Wo Licht ist, ist auch Schatten. Und wer bereits erfolgreich ist, kennt sicher auch die Schattenseiten. Ein wichtiger Rat: Umgib dich nur mit Menschen, die es wirklich ernst mit dir meinen. Löse dich von Menschen in deiner Umgebung, die dich runterziehen oder dich negativ beeinflussen. Das Leben ist zu kurz für schlechte Energie oder schlechte Stimmung. Ich habe leider so viele Menschen in meinem engeren Umfeld kommen und gehen sehen. Hier meine jüngste Erfahrung: Meine »Remus Vital Finca«, eines meiner Häuser, das ich regelmäßig vermiete, hat einen Paddle-Tennis-Platz. Nachdem ich immer wieder Fotos vom Anwesen und vom Außenbereich auf Social Media gepostet hatte, schrieb mir eines Tages ein Paddel-Profispieler, dass er seit Kurzem auf Mallorca lebe und mir anbiete, mal zum Training vorbeizukommen.

Gesagt, getan. Ich fand das Angebot sehr nett. Ich bin zwar grundsätzlich immer sehr zurückhaltend und skeptisch, was so etwas angeht, weil mir sehr viel daran liegt, mein Privatleben zu schützen, aber man kann sich ja auch nicht in seinem Luxusschneckenhaus einschließen. Und ich predige ja immer selbst, dass Kontakte nur dem schaden, der keine hat. Also wäre es ja eine super Idee, einen Profitrainer einzuladen, damit der Platz im eigenen Garten auch genutzt wird.

Wir haben zwei Mal zusammen trainiert und uns so langsam angefreundet. Ich hatte ihm auch im Vertrauen erzählt, dass ich meine eigene Makler-Serie für das deutsche Fernsehen drehen würde. Als das ganze Kamerateam anreiste, um die darauffolgenden zwei Monate die Serie abzudrehen, habe ich den Profispieler eingeladen, mit uns allen am Abend Paddle-Tennis zu spielen. Er kam direkt mit einer ganzen Masse an Equipment und Ausrüstung. Ich fand das super und habe mir natürlich nichts dabei gedacht. Er war ganz euphorisch und die Jungs, also das gesamte Kamerateam und auch ich, wir waren auch begeistert und hatten über zwei Stunden eine Menge Spaß beim Spielen. Am Ende bat der Trainer uns noch um ein Gruppenfoto. Gesagt getan. War ja ein super Abend. Gewundert hat mich jedoch, dass er für das Foto plötzlich alle Schläger, alle Bälle, seine Taschen und Säcke, alles, was er dabei hatte, auf das Foto platzierte. Am nächsten Tag schickte Kevin, mein Kameramann, mir einen Screenshot und schrieb: »Na, bist du jetzt Werbegesicht für Paddle-Equipment?« Und er hatte recht. Der Trainer hatte das Gruppenfoto auf seinem Instagram-Kanal gepostet, dazu das Logo vom Fernsehsender RTL riesig eingefügt über den gesamten unteren Teil des Fotos sowie das Logo der Marke, die ihm offenbar die Ausrüstung gesponsert oder geschenkt hatte.

Jetzt meine Frage: Was habe ich mit der Paddle-Marke zu tun? Und was hat der Paddle-Trainer mit RTL, geschweige denn mit meiner Serie zu tun? Meine Enttäuschung war ziemlich groß. Es mag übertrieben klingen, aber wenn man in der Öffentlichkeit steht, entwickelt man Antennen für so etwas – die mich in diesem Fall leider im Stich gelassen haben. Er hat mich für seine Werbung benutzt und das, ohne zu fragen. Und das Logo eines Fernsehsenders zu missbrauchen ist ein No-Go.

Wirklich schade, weil ich tatsächlich dachte, dass sich hier eine Freundschaft entwickelt, aber so wird man eben wieder eines Besseren belehrt. Das Foto zu posten wäre überhaupt nicht schlimm gewesen, aber diese Angeberei mit all diesen Logos, mit meinem Namen und mit einer Serie, in der er überhaupt nicht vorkommt, und all das, noch bevor die Serie überhaupt gedreht wurde, ist mehr als daneben. Ich habe ihn gebeten, das Foto sofort zu löschen.

Seitdem habe ich nichts mehr von ihm gehört. All das zeigt mir den Charakter. Und so traurig es klingt, dann spiele ich lieber alleine Paddel gegen die Wand, als mit Menschen, die nur mit mir spielen, weil ich der bin, der ich bin. Sei ehrlich zu dir selbst und auch zu allen anderen.

# 38. LASS DICH BEIM SEX NICHT ERWISCHEN

Hetero, schwul, asexuell, bi oder doch einfach nur zu viel Arbeit? Was ist da los im Liebesleben des Marcel Remus? Wahnsinn, wie spannend diese Frage zu sein scheint! Seit Jahren zerreißt sich gefühlt die ganze Insel das Maul darüber, welche sexuelle Orientierung ich habe. Ich finde es unfassbar amüsant. Wen interessiert es denn, was ein Immobilienmakler im Bett so treibt? Und die alles entscheidende Frage: mit wem? Scheinbar extrem viele Menschen. Das Internet ist voll von Spekulationen, und auf jedem roten Teppich bin ich gezwungen, den aufdringlichen Fragen von Klatschreportern auszuweichen. Geredet wird dennoch oder gerade deshalb. Zumal ich vor Jahren meine damalige Freundin der Öffentlichkeit vorgestellt habe. Das war leider auch mein größter Fehler, muss ich mir heute eingestehen. Die Beziehung zerbrach an der Eifersucht meiner Partnerin, und bevor ich das Ende der Beziehung selbst realisiert hatte, stand es auch schon wieder in irgendwelchen Boulevardblättern.

Es gibt Menschen, die leben einzig und allein davon, ihre Beziehung oder ihre ständig wechselnden Beziehungen konsequent zu vermarkten. Mein Ding ist das nicht. Ich finde das peinlich. Ich bin sehr stolz darauf, dass man mich kennt, weil ich ein erfolgreicher Unternehmer bin, und nicht, weil ich ständig irgendwelche Beziehungsdramen nach außen trage. Leider bekommen die, die sich in irgendwelchen TV-Dating-Formaten völlig daneben benehmen, mehr Fame als jemand, der für soliden Erfolg steht. Macht aber auch nichts, bringt denen langfristig nämlich auch nichts außer ein paar mehr Followern auf Instagram. Aber was ist denn nun los in der Remus-Kiste? Ich lasse das wie immer offen. Auch jetzt. Soll sich doch jeder das denken, was er möchte. Und viele glauben, mehr zu wissen als ich selbst.

Vielleicht mag ich auch deshalb nicht so offen darüber reden, weil ich bei meinem ersten Sex erwischt wurde und es mir damals unfassbar peinlich war. Ich hatte mein erstes Mal mit meiner damaligen Freundin anlässlich der religiösen Einkehrtage im Schullandheim. Das haben wir sehr wörtlich genommen und sind wahrhaftig eingekehrt. Mein Gott, war das im Nachhinein peinlich! Und ja, auch Gott stand uns damals bei. Wir haben uns eines Nachmittags rausgeschlichen auf das Grundstück des Schullandheimes. Auf dem Gelände gab es eine kleine Kapelle. Wir dachten, dort wäre der perfekte Ort, um sich zurückzuziehen. Wir waren beide 16 Jahre jung. Jung und naiv. An den Wänden hingen Teppiche, die wir dann im Eifer des Gefechts runterrissen, weil der Steinboden so hart war. Überall waren Kerzen angezündet. Es war eigentlich romantisch, nur leider hatten wir in dem Moment gar nicht realisiert, dass es eine Gebetsstätte war. Eine heilige Kapelle, die wir kurzerhand für ein Schäferstündchen umfunktioniert haben. Für das erste Schäferstündchen.

Nach etwa 20 Minuten ging plötzlich die alte Holztür auf und zwei Klassenkameraden schauten rein. Wir wurden erwischt. Mittendrin. Mitten im Akt. Mein Gott! Sie schlugen die Tür wieder zu und rannten weg. Was für eine

Erfahrung! Das erste Mal war dann so, wie das erste Mal eben ist. Etwas steif. Im wahrsten Sinne des Wortes. Etwas holprig, durch die Störung. Und jetzt wird's noch peinlicher. Am Abend, nachdem wir alle im Schullandheim gemeinsam zu Abend gegessen hatten, kam ich zurück in mein Zimmer und fand das von mir gebrauchte Kondom auf meinem Kopfkissen. Würrgg! Meine Klassenkameraden hatten sich einen kleinen Streich erlaubt. Sie hatten wohl das Kondom aus dem Blumenbeet herausgefischt. Dort hatte ich es, nachdem wir fluchtartig die Kapelle verlassen hatten, hineingeworfen. Okay, sorry, ich weiß, das macht man nicht. Aber wir waren 16.

Am letzten Tag wurden wir vor versammelter Klasse beide ermahnt. Meine Freundin und ich. Die religiösen Einkehrtage wären nicht für sexuelle Praktiken gedacht. Alle haben gelacht. Ich fand es nicht lustig.

Heute amüsiere ich mich darüber. Ich habe darüber zuvor noch nie mit jemandem gesprochen. Aber vielleicht habe ich daher die schüchterne Zurückhaltung, was das Thema angeht. Am Ende zählt doch nur wieder eins: Hauptsache, man ist glücklich mit dem, was man tut. Egal mit wem. Aber natürlich nicht in einer kirchlichen Einrichtung. Eine Empfehlung kann ich definitiv geben: Probiere ruhig alles einmal aus. Das schadet nicht und erweitert den Horizont. Schämen muss man sich für nichts, aber erzählen muss man auch nicht immer alles, nur weil es andere von einem erwarten oder unbedingt wissen möchten. Jeder hat sein eigenes Päckchen zu tragen und sollte sich auch nur darum kümmern. Und sollte ich heiraten und Kinder kriegen, wird es schon rechtzeitig bekannt gegeben.

# 39. BEREITE DEINE ALTERSVORSORGE FRÜH VOR

Mit 40 in Rente! Raus aus den Federn und ran an die Arbeit! Wer krabbelt, kann nicht stolpern. Aber eben auch nicht laufen lernen! Ich liebe diese Sätze. Weisheiten, die tatsächlich in gewisser Weise stimmen.

Aber wer will in der heutigen Zeit schon etwas von Weisheiten hören. Wir leben in einer so extrem schnelllebigen Zeit. Alle sind im Umbruch, alles ändert sich. Was sich bei mir nie geändert hat, war der (Vor-)Satz: »Mit 40 gehe ich in Rente.« Eine unglaubliche Provokation. Als ich 24 Jahre jung war, habe ich diesen Satz einmal in einem Interview mit der Zeitschrift *INtouch* gesagt. Das war danach in einigen Zeitungsartikeln. Aber warum erscheint es so unmöglich? Wenn man so unfassbar motiviert ist und so hart für seinen Erfolg arbeitet, dass man es mit 40 jungen Jahren schafft, nicht mehr für Geld arbeiten zu müssen? Das ist krass und eigentlich in der heutigen Zeit und besonders in der heutigen Gesellschaft gar nicht öffentlich zu vertreten. Aber ich habe mir genau das damals schon vorgenommen. Ein großes Ziel, für das viele mich auch damals schon belächelt haben.

Jetzt bin ich 36 Jahre jung, sitze genau in diesem Moment auf der griechischen Insel Paros und schreibe mein zweites Buch zu Ende. Ich bin finanziell unabhängig. Vor drei Wochen habe ich mir ein weiteres Haus in bester Lage in Son Vida gekauft, die »Remus Residence«. Das Haus wird bis Ende 2024 komplett renoviert sein und danach genau wie meine »Villa Remus« und die »Remus Vital Finca« vermietet. Somit kann ich bestens allein schon von den Mieteinnahmen meiner Immobilien leben. Die Häuser und zahlreiche Wohnungen erwirtschaften aufs Jahr gesehen fast einen siebenstelligen Ertrag und dazu kommt die Wertsteigerung. Hätte ich damals nicht an mich geglaubt, wäre ich jetzt nicht da, wo ich bin. Und sicherlich auch nicht in einem der besten Hotels hier auf der wunderschönen Insel Paros. Ich möchte damit gar nicht prahlen oder angeben. Aber es zeigt, dass es jeder schaffen kann. Meine Eltern haben nichts mit Immobilien zu tun. Meine Familie kommt aus normalen Verhältnissen. Aber wer hart arbeitet, kann alles erreichen.

Im nächsten Jahr starte ich ein Mammutprojekt, ich werde ganz für mich selbst ein Haus bauen. Das Grundstück dafür in Son Vida habe ich bereits gekauft. Die Planung läuft und meine Motivation ist enorm! Meine eigenen vier Wände, eigenständig erarbeitet. Darauf bin ich jetzt schon stolz! Werde ich in drei Jahren in Rente gehen? Natürlich nicht! Was sollte ich auch den ganzen Tag anderes machen? Ich liebe meinen Job und den Umgang mit meinen Kunden. Aber, und das ist das Entscheidende: Es entspannt ungemein zu wissen, dass man theoretisch und auch praktisch nicht mehr arbeiten müsste, um seinen Lebensunterhalt zu bestreiten. Das Gefühl macht den Kopf frei für neue Ideen und spannende Projekte, die früher ganz weit weg gewesen wären. Und um die Weisheit vom Anfang noch mal aufzugreifen: Wer krabbelt, kann nicht stolpern. Aber auch nicht wirklich vorwärtskommen.

Ich bin seit Gründung meiner eigenen Firma einen wahrhaftigen Marathon gerannt. Ins Stolpern kam ich ein paar Mal und lang auf die Fresse bin ich auch ein paar Mal geflogen. Aber es sind Erfahrungen, die man erleben muss, um daran zu wachsen. Erlebnisse, die einen lehren, wie es richtig geht. Nur so lernt man, was richtig oder falsch ist. Gut oder schlecht. Die meisten Menschen trauen sich eben nicht zu rennen. Sie krabbeln lieber durch ihr Leben, damit sie nicht ins Stolpern geraten oder gar hinfallen. Sie haben Angst vor dem Wiederaufstehen und vor dem Scheitern.

Aber genau diese Menschen leben dann eben auch nur das ganz normale Leben. Völlig okay und legitim. Aber das wollte ich nicht. Nicht jeder kann durchstarten und langfristig auch Erfolge vorweisen. Nicht jeder kann einen Marathon laufen und durch das Ziel sprinten, um danach eine Medaille mit nach Hause zu nehmen.

Du musst für dich klar entscheiden, was du möchtest! Verlasse dich nur nicht auf andere, denn dann bist du verlassen! Verlasse dich auf dich selbst!

# 39,5. VERVOLLSTÄNDIGE DEINE LANDKARTE AUF DEM WEG ZUM ERFOLG – EIN RAT ZUM SCHLUSS

Ich habe dir hier MEINEN Weg beschrieben, MEINE Regeln und MEINE Empfehlungen an dich. Nicht jede wird auf dich zutreffen. Möglicherweise folgst du auch schon anderen Guidelines, die dir im Beruf, im Leben geholfen haben und immer noch helfen. Wenn sie funktionieren, dann befolge sie weiter – zusammen mit den Regeln in diesem Buch, die dir nützlich erscheinen.

Ich bin kein Guru. Ich bin ich und du bist du. Letztlich musst du DEINEN Weg allein finden. Betrachte meine Regeln als Wegweiser auf einer Landkarte, die du selbst vervollständigen musst. Was dir dabei helfen kann, ist das Zauberwort »Selbstreflexion«. Was ist Selbstreflexion? Im Prinzip ein laufender Prozess, bei dem du über das, was du denkst, tust, fühlst noch mal drüber schaust. Am Ende des Tages zum Beispiel. Einfach, um ein tieferes Verständnis für dich selbst oder dein Handeln oder Nichthandeln zu gewinnen und damit auch neue Erkenntnisse und neue Wegweiser. Mir hat es unendlich geholfen. Vielleicht sollte ich aus dem früher erwähnten »Remus-Dreieck« ein Viereck machen, mit Selbstreflexion als einen weiteren Eckpunkt.

Mit Selbstreflexion kannst du kontinuierlich an Stellschrauben drehen. Was kann ich besser machen? *Wie* kann ich es besser machen? Du kannst damit auch den Gesichtspunkt anderer Menschen besser verstehen – eine wichtige Fähigkeit in allen Lebenslagen, nicht nur im Business.

Fazit: Nimm meine Regeln als Hilfestellung für deinen weiteren Weg, nicht als unverrückbaren Weg. Du musst deinen Weg selbst finden und ihn auch selbst gehen. Und das Regelwerk anpassen oder erweitern, während du diesen Weg gehst. Bleib flexibel!

# DIE REMUS-KOMPAKTREGELN

1. Vollgas und Attacke – hart arbeiten
2. Ohne Fleiß kein Preis
3. Leidenschaft ist alles
4. Selbstbewusstsein ohne Arroganz
5. Fokus bewahren
6. Disziplin an den Tag legen
7. Misserfolge akzeptieren
8. Ausdauer beweisen
9. Optimismus wahren – jeder Tag soll Spaß machen
10. Bescheidenheit – wissen, wo man herkommt
11. Verantwortung übernehmen
12. Authentizität ist das Wichtigste
13. Kritikfähigkeit zulassen
14. Glaube an dich selbst
15. Sei anders, sei besser

# NACHWORT

Ich möchte mich ganz herzlich bei dir bedanken! Es freut mich, dass du mein Buch gelesen hast, und ich hoffe, dass du die eine oder andere Regel, den einen oder anderen Tipp in Zukunft umsetzen wirst. Es steckt sehr viel Herzblut in diesem Buch. Jeder Satz hat eine Bedeutung.

Ich bin kein Schriftsteller, sondern Unternehmer mit Leidenschaft und habe versucht, die für mich wichtigsten Werte und Eigenschaften in diesem Buch für dich nützlich zusammenzufassen. Die Welt, in der wir leben, ist nicht einfach. Sei immer freundlicher als dein Gegenüber. Sei menschlich und zeige Charakter. Einen netten Charakter.

Ich bedanke mich bei all meinen Kunden, Käufern und Verkäufern der vergangenen sechzehn Jahre. Ohne diese Erlebnisse und ohne diese Erfahrungen gäbe es dieses Buch sicherlich nicht. Und wie auch schon in meinem ersten Buch möchte ich mich an dieser Stelle auch bei meinen Neidern bedanken, besonders bei dem einen oder anderen Maklerkollegen auf Mallorca, der mir diesen hart erarbeiteten Erfolg nicht gönnt. Dein Neid ist meine Anerkennung. Für mich ist er die größte Motivation, täglich noch mehr Gas zu geben. Aber eben unkopierbar. Eben alles anders als alle anderen. Vollgas und Attacke mit Gesundheit an erster Stelle.

Schicke mir gerne per E-Mail oder auf meinen Social-Media-Kanälen Feedback, wie du die Remus-Regeln für dich persönlich umsetzt. Ich freue mich, von dir zu hören!